服装智能设计

结构设计与合体性评估

刘凯旋　朱　春◎著

中国纺织出版社有限公司

内 容 提 要

本书提出服装智能设计与合体性评估的基本原理与应用，探究如何运用计算机技术对服装设计相关知识进行建模，使经验欠缺的设计人员可以在参数化模型的辅助下快速、高效地开发服装产品。本书从服装的款式设计出发，进而提出三维交互式的服装结构设计技术。随后，应用服装智能评估技术对生成的服装纸样进行合体性评估，最后展示服装智能设计与合体性评估的综合应用实例。

本书图片丰富，内容翔实，可作为服装专业师生、服装行业从业者的参考用书。

图书在版编目（CIP）数据

服装智能设计：结构设计与合体性评估 / 刘凯旋，朱春著 . -- 北京：中国纺织出版社有限公司，2021.6

ISBN 978-7-5180-8433-3

Ⅰ. ①服… Ⅱ. ①刘… ②朱… Ⅲ. ①智能设计－应用－服装设计 Ⅳ. ① TS941.2-39

中国版本图书馆 CIP 数据核字（2021）第 047767 号

责任编辑：苗 苗 金 昊 责任校对：楼旭红
责任印制：王艳丽

中国纺织出版社有限公司出版发行
地址：北京市朝阳区百子湾东里 A407 号楼 邮政编码：100124
销售电话：010—67004422 传真：010—87155801
http://www.c-textilep.com
中国纺织出版社天猫旗舰店
官方微博 http://weibo.com/2119887771
三河市宏盛印务有限公司印刷 各地新华书店经销
2021 年 6 月第 1 版第 1 次印刷
开本：787 × 1092 1/16 印张：11
字数：165 千字 定价：78.00 元

前言

PREFACE

服装设计与生产过程的自动化与智能化是服装企业智能制造的一个重要环节，也是实现服装产业转型与升级的必经途径。随着社会经济的快速发展和消费水平的提升，客户对服装个性化的需求与日俱增，针对消费者诉求的市场快速反应成为服装企业竞争的焦点。目前服装设计与产品开发仍然是一项经验性较强的工作，服装企业只能通过增加设计人员的数量以应对快速变化的市场，然而，人员的盲目扩充必然导致生产成本的增加。因此，如何不依赖服装设计人员的经验知识就可以有效地设计开发服装产品是实现服装企业智能制造的重要课题之一。随着计算机、信息技术的飞速发展，机器学习、专家系统、智能决策、知识工程、3D虚拟现实等人工智能技术广泛地应用于各行各业，但在服装设计领域的应用还不够深入，这主要是因为设计知识存在不确定性和不精确性，较难实现计算机建模。正是基于上述需求和现实难题，本书探究如何运用计算机技术对款式、结构进行建模，后进行合体性评估，使经验欠缺的设计人员可以在模型的辅助下快速、高效地开发服装产品。本书的内容、特点，概括如下。

（1）服装款式与服装结构关联设计：首次提出了一种服装款式与服装结构关联设计的新方法，创造性地赋予服装款式图以人体尺寸，构建了服装款式、服装结构与人体之间的数学关系模型，整合了服装款式设计与结构设计，并在此基础上开发了一款牛仔裤款式与结构关联设计系统，输入人体尺寸和服装款式参数（本书涉及的人体、服装尺寸单位均为cm），该系统可以自动生成牛仔裤款式图及其结构图。

服装款式与服装结构关联设计将归属不同部门的分工——服装款式设计与结构设计，整合为一项工作，有效地解决了目前一直存在的服装款式图与服装结构图之间匹配难所导致的设计师与制板师之间反复沟通的问题，显著地提高了服装产品的开发效率。服装款式设计通常属于艺术设计范畴，而服装结构设计通常属于工程设计范畴，两者之间既有区别又存在着密切的联系。服装款式与服装结构关联设计技术在艺术设计与工程设计之间较成功地构建了一座桥梁，为服装企业产品开发提供了一个全新的设计思路。

（2）3D交互式服装纸样开发：通过整合2D到3D的虚拟试穿技术和3D到2D的纸样展开技术，提出一种新颖的3D交互式服装纸样开发方法。首先，直接将服装放松量添加到3D人体模型上，解决了3D服装纸样开发中放松量的设置问题；其次，采用服装款式图前后片轮廓线纸样，通过虚拟试穿的方式构建3D服装模型，解决了服装快速建模问题；最后，在服装模型的表面设计结构线，展开结构线所围成的区域，从而快速、准确地获取平面纸样，解决了个性化服装纸样的直接生成问题。

3D交互式服装纸样开发摒弃了传统服装纸样开发中基于经验的烦琐计算，使服装设计人员在缺乏纸样开发知识的情况下，也可以通过人机交互的方式快速地开发出合体性较好的服装纸样，降低了个性化服装纸样开发的难度，显著提升了纸样开发的效率。

（3）基于机器学习的服装合体性评估：首次提出了一种基于机器学习的服装合体性评估方法，通过使用机器学习算法——朴素贝叶斯、决策树C4.5以及BP神经网络，构建了一个输入项是反映服装合体性状况的指标数据和输出项是反映服装是否合体的数学模型，并给出了一个基于机器学习的裤装合体性评估的应用实例，采用从虚拟试穿所获取的数字化服装压力数据和真实试穿所获取的服装合体性评估数据训练该模型，最终运用K折交叉验证法分析了该模型的预测精度。

基于机器学习的服装合体性评估实现了无需真实试穿且无需操作者具备合体性评估知识就可以快速、准确地预测服装的合体性，对解决目前服装产品开发中所面临的合体性评估效率低，以及需要真实人体试穿的难题具有一定的参考价值。实验结果表明：无论是基于朴素贝叶斯、决策树C4.5还是BP神经网络的服装合体性评估模型的预测精度都明显高于传统的服装合体性评估方法。在实际应用中，当学习样本数据较少且企业规模较小时，可以选择贝叶斯分类器和决策树构建预测模型；当学习样本数量较多且企业规模较大时，可以选择神经网络构建预测模型；当需要获取较直观的预测规则时，则可以选用决策树构建预测模型。

上述三项技术相辅相成，构成了智能型服装设计与合体性评估系统。通过整合上述所提出的三项关键技术，为当前服装企业在产品研发过程中所面临的产品开发周期长、效率低等问题，提供了一系列服装智能设计的解决方案。本书最大的创新之处是对传统的服装设计所需的经验进行数学建模，实现设计过程的自动化与智能化，无相关经验或经验不足的服装产品开发人员可以在这些模型的辅助下较好地开发服装产品。

本书重点介绍了服装参数化与三维交互设计及合体性智能评估方法，以及如何对服装设计所需的经验知识进行抽取、表达与应用，为设计领域的知识建模提供一定的参考，同时对服装企业实现智能制造具有重要的现实意义和应用价值。

本书受到国家自然科学基金项目（61806161）、国家艺术基金项目［2018-A-05-（263）-0928］、陕西省创新人才推进设计——青年科技新星项目（2020KJXX-083）、陕西省自然科学基础研究计划项目（2019JQ-848）、陕西省社会科学基金项目（2018K32）、陕西省教育厅高校青年创新团队项目、陕西省高校“青年杰出人才”支持计划项目、陕西省教育厅自然专项基金项目（18JK0352）、中国纺织工业联合会科技指导性项目（2019049）、西安工程大学哲学社会科学研究重点项目（2019ZSZD01）、西安工程大学学科建设经费项目的资助。笔者对此致以最真诚的感谢。

刘凯旋　于西安

2020年8月

目录

CONTENTS

第 1 章

绪论

1.1 概述

目前，中国是世界上规模最大的纺织服装生产国、消费国和出口国[1]。纺织服装业在我国国民经济中占有重要的地位。实现纺织服装企业智能制造对提升我国整体制造业水平具有重要的意义，而实现智能化的服装设计与合体性评估是实施服装企业智能制造的重要组成部分。然而，纺织服装业是典型的低技术含量、劳动密集型产业[2-3]。随着经济的快速发展，客户的消费习惯在不断地发生变化，对个性化的需求越来越高[4-5]。纺织服装企业不断地提升服装产品的开发效率以应对全球激烈的市场竞争。在过去的上百年间，服装企业的生产模式从最初的手工作坊生产发展到批量生产，进而再到大规模定制，以不断地适应市场的变化和客户的需求[4]。大规模定制要求服装生产企业依据不同客户体型以及个性化需求快速、批量地生产定制化的服装产品[6]。然而，客户个性化的需求增加了服装产品的开发难度，延长了产品的开发周期，而快速变化的市场又要求服装企业做出快速反应，尽可能地缩短产品的开发周期[7]。客户的个性化需求与市场对产品开发周期的要求之间一直存在着看似不可调和的矛盾[8]。未来市场的变化将更加剧烈，消费者的个性化需求也会趋于更高。如何提升服装产品的开发效率使之在满足消费者需求的同时缩短产品的开发周期，一直是服装企业所面临的棘手问题[9]。目前，有两种方法用于解决上述问题：①雇佣更多的服装产品开发人员；②革新当前的设计方法与流程。雇佣更多有丰富经验的服装产品开发人员是目前服装企业应对该问题的主要手段，然而这种方法将显著增加产品的开发成本，不利于企业在激烈的市场竞争中占据有利地位。显然，优化并革新设计方法和流程是克服当前服装企业在产品开发中所面临的上述棘手问题的有效方式。

服装产品开发部门是服装企业的核心部门之一[10]，服装产品的优劣很大程度上取决于产品开发人员的技术水平。传统的服装设计与纸样开发是一项经验性较强的工作，一位初级服装产品开发人员需要拥有数年甚至数十年的实践经验才能精通服装设计或纸样开发。因此，经验丰富的设计师和制板师是一个服装企业的稀缺资源[11]，他们的离职将给企业带来较为严重的影响。在服装产品开发阶段，设计师、制板师和工艺师之间需要反复沟通与协作才能开发出满意的服装产品[11]。该过程相当烦琐和耗时，且要求产品开发人员拥有丰富的经验知识。因此，如何摆脱传统过于依赖经验丰富的设计师和制板师的生产过程，也能够快速地开发出满意的服装产品是目前服装企业较为紧迫的需求。服装智能设计既可以减少服装企业对设计师和制板师的依赖又可以提高产品的开发效率，降低开发成本。

服装的合体性一直是服装产品开发人员和消费者最关心的问题之一[12-13]。在服装产品开发阶段，服装合体性评估始终贯穿整个开发过程，设计人员需要反复地试样以检验服装款式是否可行以及尺寸是否合体。目前，服装的合体性需要由真人或人台试穿真实的服装后才能进行分析判断[14]。该过程不但烦琐，而且会显著增加服装产品的开发成本。虽然目前虚拟试穿技术的出现能够辅助服装产品开发人员检验服装款式是否可行，但是却无法有效地判断服装尺寸是否合体[13]。因此，如何实现无需真实试穿就可以有效地评估服装的合体性对服装企业的产品开发显得尤为重要[15]。

计算机、信息技术的快速发展，使人工智能、机器学习、专家系统、智能决策、知识工程等广泛地应用于各行各业，然而在服装行业特别是服装设计与合体性评估领域，计算机的应用还不够深入。导致这种情况的主要原因是服装设计与合体性评估的知识存在着不确定性和不精确性，该类型知识大部分属于隐性知识，较难被计算机抽取和表达。近年来的研究表明，服装设计所涉及的隐性知识同样可以通过数学建模和计算机仿真实现抽取、表达和应用[13, 16-17]。正是在这种背景下，笔者通过对服装设计以及合体性评估所需的专家知识进行数学建模，从而使经验欠缺的产品开发人员可以在智能模型的辅助下快速、高效地开发服装产品并评估其合体性。

1.2 服装款式设计、结构设计与合体性评估方法

1.2.1 服装款式设计与结构设计方法

服装设计主要包含款式设计、结构设计与工艺设计。款式设计的主要工作是绘制效果图和款式图[18]；结构设计的主要工作是开发纸样[19]；工艺设计的主要工作是制作

工艺指导文件。如图1-1所示，服装款式设计、结构设计与工艺设计三者相互联系、相辅相成，构成了现代服装工程的主要部分[20]。

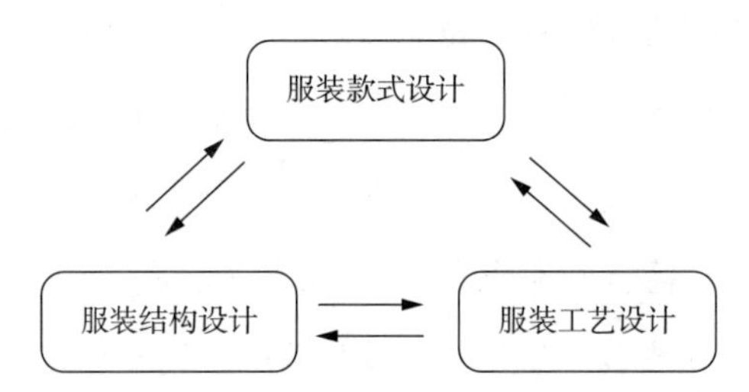

图1-1　服装款式设计、结构设计与工艺设计三者之间的关系

1.2.1.1　服装款式设计

服装款式图一般是由黑白线条组成的，是用于展示服装各部位细节的图形（图1-2），其主要应用于产品说明书、技术工艺文件、成本控制单、规格说明书和服装3D建模等[21-29]。在服装设计过程中，设计师需要一个载体将最重要的想法和构思转化为实物供其他人员参考。服装款式图是设计师设计思维的表达和展示方式，也是设计师与制板师之间沟通的重要载体。目前，服装款式图的绘制方法大体分为以下四种。

图1-2　服装款式图

（1）线描款式图：除了一支笔外，不借助其他工具直接手工绘制服装款式图。该方法对设计人员的手绘功底要求较高。线描款式图线条比较流畅，有活力，较随意，多为设计手稿，是服装设计师具体地表达设计理念的第一步，也是设计师用来和别人沟通的载体[18]。

（2）尺子辅助绘制：借助尺子和笔按照一定的人体和服装比例绘制款式图。该方法类似工程制图，对绘制人员的手绘功底要求较低，而对工程制图的相关技能要求较高。

（3）计算机辅助绘制：利用矢量图绘制软件如Adobe Illustrator、CorelDRAW、Auto CAD等，按照一定的人体以及服装比例绘制服装款式图[30]。因该方法绘制的款式图效果较好，绘制效率较高，易于修改和保存，因此，在企业生产中，大多采用该方法绘制款式图。计算机辅助款式图绘制方法既要求设计人员精通相关CAD软件的操作，又要求其具有一定的手绘功底。实际上，计算机辅助绘制方法本质上还是手工绘制，要想实现计算机辅助款式图的绘制，首先必须具备手绘款式图的功底。

（4）计算机自动生成：使用者输入相应的款式要求后，计算机自动生成所需的款式图[31-32]。该方法与其他三种方法最大的区别在于无需人工绘制，其缺点也是显而易见的，即只能绘制一种或几种特定的款式图。在款式图自动生成研究领域，Xu等人[33]和钱素琴[34]分别开发了一套基于网页的服装款式图设计系统，用户可以直接在网页上选择款式图的各部件，并调整所选部件的特征参数使其达到所期望的形状，该系统自动拼合所选部件并得到一个完整的款式图；Wan等人[35]提出了一种服装款式图变形的方法，该方法将平面服装款式图穿到二维标准姿态人体上，然后绑定人体与款式图，通过变化人体的姿态，服装款式图也跟着做相应的变化，进而可以自动生成同一款式在不同人体姿态下的各种形态款式图。目前，无论是国内还是国外，服装款式自动生成的研究都只停留在初级阶段。服装款式设计的固有特性以及设计知识表达的局限性导致了款式自动生成系统的开发在技术路线上的复杂性和多种可能性[31]。

1.2.1.2　服装结构设计

服装纸样又称样板，是服装分解成各衣片后的纸质呈现形式，主要用于排料、裁剪与缝制（图1-3）。服装纸样设计亦称服装结构设计、服装纸样开发、服装制板等，是服装设计与生产环节中难度最高的工作之一[36]。在服装工业生产中，纸样开发起着承上启下的作用，它既是款式设计的延伸和发展，又是工艺设计的准备和基础[20]。因此，服装纸样设计部门是生产主导型服装企业的最核心部门之一。在服装设计与工程系统中，纸样设计起着至关重要的作用，直接决定了服装产品的效果与成败。

目前，服装纸样开发大体分为以下四种方法。

（1）手工制板：制板师根据服装款式图和尺寸规格，或者依据客户的订单，用铅笔在纸上绘制服装各衣片的轮廓线，然后依照这些轮廓线在硬纸板上剥离样片[37]。

（2）立体裁剪：立体裁剪是设计师依据服装款式图以及个人对服装结构的理解，以真实的面料或材质相近的白坯布为替代面料，用大头针、剪刀等工具在人台上通过

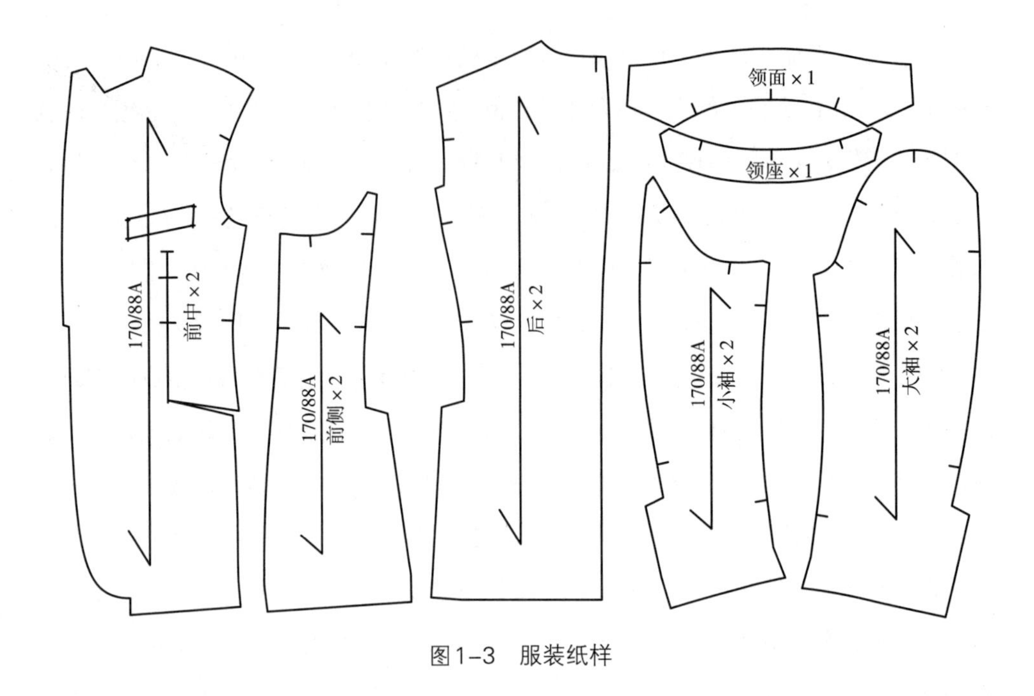

图1–3　服装纸样

收省、打褶、起皱、剪切和转移等手段直接表现服装造型的一种结构设计方法[38]。通过立体途径获得的坯型布样经拓板后便是服装纸样，经过确认补正后可以用于工业化生产[39]。

（3）计算机辅助制板：制板师按照服装款式图和尺寸规格或根据客户的订单利用服装CAD制板软件，如Lectra Modaris、Gerber AccuMark、Optitex等绘制服装的样片。该方法制作的服装纸样边缘线条流畅，效率较高，易于修改、保存和检索，因此，目前大多数服装企业的制板师都选择该方法开发服装纸样。同服装款式图计算机辅助绘制类似，计算机辅助制板既要求操作者熟练使用服装CAD制板软件，又要求其精通服装结构设计的方法和原理。实际上，计算机CAD制板本质上还是手工制板[40]，只有灵活地掌握手工制板技能，才能较好地使用计算机CAD制板。

（4）纸样计算机自动生成：使用者输入人体尺寸并选择所期望的款式，计算机自动生成该款式对应的服装纸样[41]。目前该方向的研究较多，如姜川[40]开发了一套男衬衫纸样自动生成系统，设定好款式细节以及输入人体的基本尺寸后，该系统自动生成衬衫款式图；顾品荧[42]和朱菊香[43]分别开发了一款类似的系统，用于生成女西服和裙子纸样。目前，虽然一些商业CAD软件可实现纸样自动生成，但是只能生成一种或几种特定款式的纸样，局限性较大，还未能成熟地应用于工业化生产。

从上述服装款式设计和结构设计的方法可以看出，服装款式设计和结构设计对产品开发人员的技能要求不尽相同。前者要求设计师应具有一定的手绘能力以及立体服装投影到平面的转化能力；而后者则要求制板师具备一定的工程制图能力以及将立体服装展开成平面图形的思维能力。在服装产品开发过程中，款式设计并不依据人体真实尺寸，只要把握好人体和服装各部位的比例即可；而服装结构设计则必须依赖于人体尺寸，在人体尺寸的基础之上给出合适的放松量，设计规格尺寸，依据不同的规格尺寸制作服装各部位的平面图（纸样）。由于服装款式设计与结构设计的方法和用途不同，目前，在服装企业中款式设计和结构设计属于两个不同的部门。在服装产品开发阶段，制板师通常对款式图有或多或少的理解偏差[44-45]，导致设计师与制板师需要不断地沟通，直到服装纸样满足设计人员和客户的要求为止。这也是影响服装产品开发周期的主要因素之一。如果服装款式设计和结构设计能够整合到一起，那么服装产品的开发效率将得到显著的提升。

1.2.2　3D 纸样开发研究

目前，服装纸样开发需要制板师具备三维空间到二维平面的转换能力[46]，这种能力需要日积月累才能具备。随着3D服装建模和曲面展开技术的发展，3D服装纸样开发的研究逐渐兴起，该技术通过计算机自动完成3D服装曲面向2D服装纸样的转化，明显地降低了服装纸样开发的难度[47]。早在20世纪90年代初期已出现了3D纸样开发方法和理论的研究。例如，Hinds等人[47-48]应用Calladine所提出的高斯曲率展开方法研究服装3D曲面到2D纸样的展开问题；Heisey等人[49]依据省道转移原理，通过对半球面不同角度和片数的分割与缝合，结合服装材料的性能，研究3D服装曲面与2D服装纸样的相互转化问题；Okabe等人[50]使用C和C++语言设计了一套3D服装CAD系统，该系统在面料张力最大处作为省道的开口位置展开3D曲面，同时在2D样片的虚拟缝合中充分考虑面料的机械性能。由于该系统包含2D样片和面料样式的设计窗口以及3D服装的显示窗口，使其已具有了当前3D服装CAD的雏形。此外，用于获取平面纸样的另一手法——3D立体裁剪亦有人研究。例如，Hwan等人[51]通过赋予NURBS（非均匀有理B样条曲线Non-Uniform Rational B-Splines的缩写）曲面动力学属性，将具有动力学属性的NURBS曲面当作虚拟面料，覆盖在3D人台上模拟立体裁剪，在需要分割的部位，将NURBS曲线当作虚拟剪刀剪切NURBS曲面，具有动力学的NURBS

曲面无论形状怎么改变，其与未转化前的非动力学NURBS曲面的顶点有一一对应的关系，只是空间坐标不同，具有动力学属性的NURBS曲面被NURBS曲线剪切后，非动力学的NURBS曲面会跟着做相应的改变，由此2D服装纸样会随着立体裁剪过程的进行而自动生成。然而，由于目前面料的力学性能模拟依然存在着较多的缺陷[52-53]，导致3D虚拟立体裁剪的研究依旧处于探索阶段。

依据放松量设置情况，3D纸样开发的研究大体可以分为两种类型：无放松量3D服装纸样开发和有放松量3D纸样开发。目前，3D纸样开发的研究主要集中在无放松量3D纸样开发。有放松量3D纸样开发，特别是不同部位任意设置某一放松量的3D纸样开发依旧是研究的重点和难点[54]。

1.2.2.1 无放松量3D服装纸样开发研究

无放松量3D纸样开发是将3D人体模型的表面作为一层紧身衣，直接在模型的表面设计服装结构线，然后展开结构线所围成的3D曲面，获得2D服装纸样。图1-4是无放松量3D纸样开发的一般方法：首先，在3D人体模型表面设计服装结构线［图1-4（a）］；其次，依据设计的结构线生成结构面［图1-4（b）］；再次，展开生成的结构面得到服装纸样［图1-4（c）］；最后，对纸样进行一系列后处理使其达到工业化生产的要求。

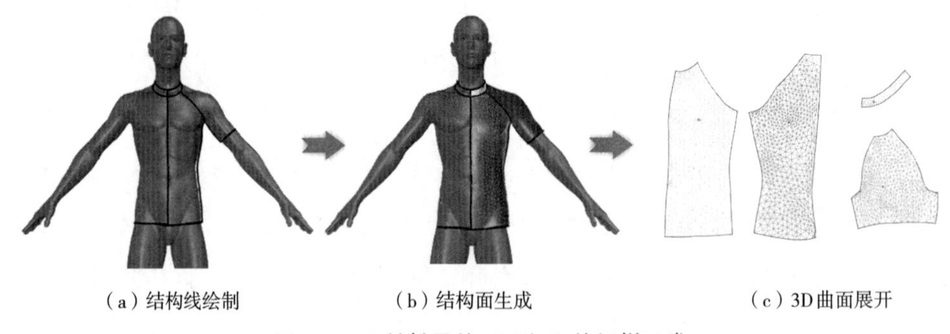

（a）结构线绘制　（b）结构面生成　（c）3D曲面展开

图1-4　无放松量的3D到2D的纸样开发

目前，无放松量3D纸样开发的研究相对较多，如Rodel等人[55]使用图1-4中的方法，结合服装面料的物理性能进行紧身服装的3D曲面到2D平面展开的研究；Jeong等人[56]使用3D扫描技术构建人体模型，然后三角网格化3D人体模型，接着展开每一个三角网格，最后在平面范围内拼合展开后的三角网格，得到2D服装样片；Kim等人[57]利用同样的方法开发残疾人的紧身衣纸样。该方法展开的精度随着三角网格数量的增加而提高，然而，三角网络数量越多，展开的计算量越大；Yang等人[58]使用3D扫描技术构建人体模型，依据日本文化原型的分割线和省道位置将人体的上身区域分成10份，每份用平行线再分割后展开成平面，最后由10块展开的平面拼合成原型纸样；Kim等人[59]通过使用3D坐标输入系统将真实人台上设置的标记点输入计算机，应用标记点构造服装结构线，再由服装结构线构造服装结构面，最终展开结构面得到基础纸样；Yang等人[60]通过3D曲面到2D平面的展开研究服装基础纸样，通过对比3D曲面与展开得到的2D纸样之间边长和面积差等确定展开的精度；Liu等人[61-62]在3D人体模型上设计紧身骑行服，然后展开3D服装曲面得到2D服装纸样，进而研究骑行服在骑行状态下的舒适性以及纸样优化问题；Wang等人[63-64]使用三维人体扫描和变形技术构建各种女性的胸部模型，利用3D到2D的曲面展开技术获取女性胸罩的平面纸样。

1.2.2.2 有放松量3D服装纸样开发研究

有放松量3D纸样开发流程如图1-5所示。首先，在包含放松量的3D服装模型表面设计服装结构线［图1-5（a）］；其次，依据设计的结构线生成结构面［图1-5（b）］；再次，展开结构线所围成的结构面，得到2D服装纸样［图1-5（c）］；最后，对展开得到的纸样进行一系列的后处理使其达到工业化生产的要求［图1-5（d）］。

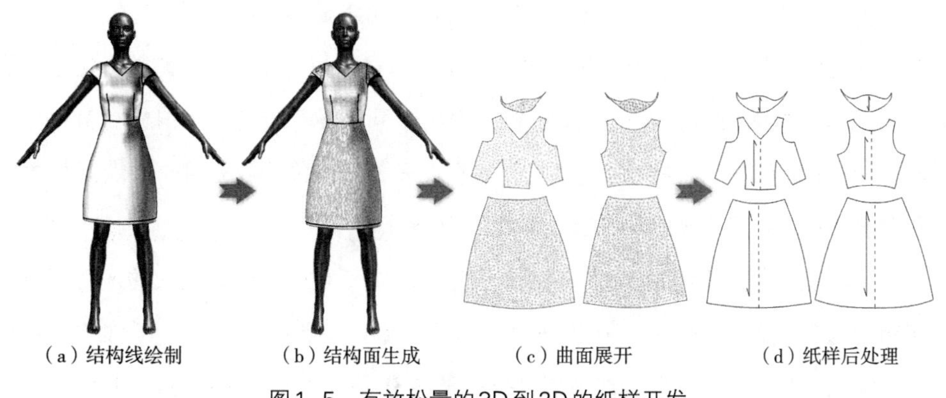
（a）结构线绘制　（b）结构面生成　（c）曲面展开　（d）纸样后处理

图1-5 有放松量的3D到2D的纸样开发

目前，有放松量3D纸样开发的研究在服装建模阶段大多数只是将服装当作刚体处理，较少涉及面料的力学性能等。例如，Wang等人[65]在3D人体模型上设置特征点（如肩点、胸点、肩颈点等）和特征线（如胸围线、腰围线等），依据这些特征点和特征线在3D模型上设计服装结构线，再由结构线构造服装结构面，最后展开结构面得到2D服装纸样，该方法为后续虚拟服装立体裁剪软件的开发提供了一定的参考；Petrak等人[66-67]依据3D模型上设置的特征线在水平方向上按实际需求放大特征线（即给出服装松量），接着依据各条设置好的特征线生成特征面（3D服装模型），最后按特征线展开3D服装模型的表面得到2D服装样片；Huang等人[68]依据人体点云数据构建3D人体模型，然后在模型的周围加放一定的松量后构建服装的轮廓线框，接着依据轮廓线框生成3D服装模型的结构面，进而展开这些结构面得到2D服装基础纸样；Tao等人[69-70]使用3D扫描技术和逆向建模技术构建人体模型，使用商业3D建模软件Design Concept在所构建的3D人体模型的周围设置带精确放松量的裤子结构线，然后由这些结构线生成3D裤子模型，最后依据结构线展开3D裤子模型表面获取2D服装纸样。在后续的研究中，该课题组用同样的方法开发上装纸样[71-73]。该方法的优点是可以精确地设置不同部位的放松量，缺点是操作过程过于烦琐，较难实际应用；Zhang等人[54, 74]在人台上试穿带固定放松量的简单款式服装，使用三维人体扫描仪获取人台在着装状态下的点云数据，接着应用收集的点云数据构建3D服装模型，进而在该服装模型的表面设计服装结构线，最终依据结构线展开得到2D服装纸样。该方法的优点是可以精确地设置放松量，缺点是放松量的设置是固定不变的，如果要改变放松量，则必须重新扫描着装后的人台；Lu等人[75-77]开发了一套可随意设置放松量的3D服装纸样生成系统，该系统的工作原理是在3D人体模型的外层设计一层可以通过控制点随意调整放松量的基础服装模型，操作者可以根据实际需要调整放松量，然后在调整后的基础模型的表面设计服装结构线，最后展开结构线所围成的3D曲面，获取2D服装纸样。该方法的优点是可以随意设置每个部位的放松量，缺点则是放松量只能随操作人员的主观想象设定，不能精确控制。

综上所述，有放松量3D纸样开发和无放松量3D纸样开发两者最大的区别在于前期如何构建有或无放松量的3D服装模型，而后期的3D服装曲面到2D纸样的展开则并无实质区别。因此，如何构建带精确放松量的3D服装模型是3D纸样开发中最重要的一个环节。无放松量的3D纸样开发将3D人体模型的表面看作一层紧身衣，直接在人体的表面设计服装结构线，依据结构线展开获得2D服装纸样；而有放松量的3D纸样开发则首先需要在3D人体模型上构建一个带放松量的3D服装模型，然后在该3D服装模型的表面设计服装结构线，接着展开结构线所围成的曲面，得到2D服装纸样。目前，3D纸样开发的方法在服装建模阶段都未考虑服装面料的力学性能，如悬垂性、弹性等，即只将服装模型当成刚体处理，这就导致目前的3D纸样开发方法适用面较狭窄，只能应用于一些特定的款式，有一定的局限性。

1.2.3 服装合体性评估研究

1.2.3.1 服装合体性定义

服装的合体性在服装设计与生产环节都占有相当重要的地位[12, 78]。在服装产品开发阶段，设计人员需要在标准人台或模特身上检验服装是否合体，只有合体性达到设计要求的服装才能进入下一步的批量生产；在服装销售环节，消费者需要通过多次试穿才能判断服装的合体性，如果该服装不合体，无论其款式多么优雅，面料多么精致，消费者依旧不会购买[79]。研究表明[13, 80]，50%的女性抱怨她们挑选不到合体的服装；因不合体导致的退货占到总退货量的50%；服装购买后有85%的女性将服装不合体作为弃用该服装的首要原因。

服装的生理舒适性、心理舒适性以及服装外观都会让消费者对服装合体性的感知产生影响[81]。Fan[79]认为从消费者的角度分析服装的合体性是个较复杂的问题，多种因素影响着服装的合体性；LaBat和DeLong[82]从两个外部因素（社会上对标准体型的理解和工业中所描绘的时尚人物）和两个内部因素（身体的满意度和服装物理尺寸的合体性）研究消费者对服装合体性的满意度问题；GersÏak阐述了影响服装合体的因素直接与决定面料美学悬垂性的机械性能有关，并且给出了如何从面料机械性能入手，定性地评估服装的合体性[83]。

虽然服装合体性的研究较多，然而服装合体性到目前为止还没有一个确切的定义[79]。Cain指出服装合体性与人体骨骼有直接的关系，大多数合体性问题是由于人体骨骼的凸出部位引起的[84]；Chamber和Wiley[85]指出如果服装合体性好，则说明服装与人体之间配伍性较好，两者之间有足够的运动放松量，没有因不合体引起的褶皱，并且因为恰当的裁剪使得服装与人体看似融为一体；Erwin等人[86]定义服装合体性为五个因素的综合体：舒适性、线条感、粗糙度、平衡度和固定性；Efra[87]认为服装的合体性是服装的一个复杂属性，受流行趋势、服装款式、风格以及多种其他因素的共同影响；Hackler[88]认为合体的服装表面没有非设计所需而产生的褶皱，同时，服装与人体之间应具有足够的空间适应身体的运动；Shen等人[89]则认为合体的服装应该提供整洁、平滑且没有褶皱的服装外形以及足够的空间适应身体的运动，并给穿戴者带来较好的舒适性和移动性；牛津词典则定义服装的合体性是一种塑造合适体型和尺寸的能力[90]。

总结上述各学者对服装合体性的阐述，服装合体性应包含两个方面：心理上的合体性和生理上的合体性。面料的透湿性、透气性和导湿率等因素主要影响服装生理上的合体性；服装的款式和色彩等因素主要影响心理上的合体性；服装的纸样和人体的尺寸等因素既影响服装生理上的合体性，又影响服装心理上的合体性。由于服装合体性涵盖范围较宽泛，本书的研究以生理上的合体性为主，即研究因尺寸因素所导致的服装合体性问题。实际上，当服装的款式、面料和色彩等确定之后，由服装尺寸导致的合体性问题是消费者最为关心的问题之一[15]。

1.2.3.2 服装合体性评估

目前，服装合体性评估主要包含以下几种方法：三维人体测量法、波形分析法、模糊数学法、数理统计法和虚拟试穿法等[91]。

（1）三维人体扫描法：三维人体扫描法是使用三维人体扫描仪、3D虚拟仿真和建模软件等测量人体与服装之间的放松量、空气层厚度与分布、接触面积与分布等指标数值，依据收集的数据评估服装的合体性。该方法是目前服装合体性评估研究的主流方法[12, 92-93]。其中，使用三维人体扫描评估服装的合体性又可进一步分为以下两种方法。

第一种方法通过三维人体扫描仪获取人体着装状态下的扫描图像，然后通过视觉上的评估判断服装的合体性（图1-6）。例如，Ashdown等人[94]首先使用Tecmath VITUS三维人体扫描仪采集不同人群穿着同一款式裤子在4个不同姿势下的3D点云数据；其次利用这些点云数据构建光滑的3D人体着装模型，在此基础上，专家组分别对这些着装模型进行多角度的视觉合体性评估；最后依据专家组打分评估服装的合体性。该方法简单且直观，然而视觉上的合体性评估受评估者个人喜好、经验知识等因素的影响较大，可靠性并不高。

第二种方法是分别扫描裸体状态（或穿紧身内衣）和着装状况下的人体，然后分析人体与服装之间的放松量、空气层厚度与分布、接触面积与分布等指标，评估服装的合体性。该方法的具体操作步骤如图1-7所示：首先，使用三维人体扫描仪分别获取人体着装前后的3D点云数据，基于收集的3D点云数据应用逆向工程软件Rapidform、Imageware等分别构建人体和服装的3D模型；其次，重叠人体和服装模型

图1-6 着装状态下的三维人体扫描

的对应部位，得到一个人体着装状态下的双层3D模型（包含服装和人体），并截取不同位置的人体与服装的横截面；最后，依据人体与服装之间的放松量和空气层厚度的大小及分布等指标，评估服装的合体性。例如，Lu等人[95]使用图1-7的方法获取空气层厚度和分布，进而分析了同一模特穿着不同号型防护服的合体性问题；Su等人[96]使用图1-7中的方法测量了服装与人体之间的距离松量和围度松量，进而构建了距离松量与围度松量之间的回归模型，最后使用该模型在原型纸样的基础上开发合体性较好的服装纸样；Psikuta等人[97]使用图1-7中方法测量了人体与服装之间的接触面积与空气层厚度的分布等，为上装T恤衫和下装长短裤的合体性评估提供一定的参考；Thomassey等人[73]使用图1-7中的方法测量了合体服装的袖子与人体胳膊之间的放松量，进而分析了合体服装的袖子各部位的放松量分布特征，以此为基础开发不同人体尺寸所对应的合体袖子纸样；Lin等人[98]使用图1-7中的方法分析了真实服装与人体之间的横截面积差以及虚拟服装与人体之间的横截面积差，通过比较两者之间的差异评估服装的合体性。

（2）波形分析法：波形分析法是将服装与人体中心点之间的距离看成波的振幅，人体一周360° 看成波的周期，使用波形特征评估服装的合体性[99]。例如，Taya等人[79, 100-106]将服装波形看作是角度θ和振幅R的周期函数（其中，θ是指在水平横截面

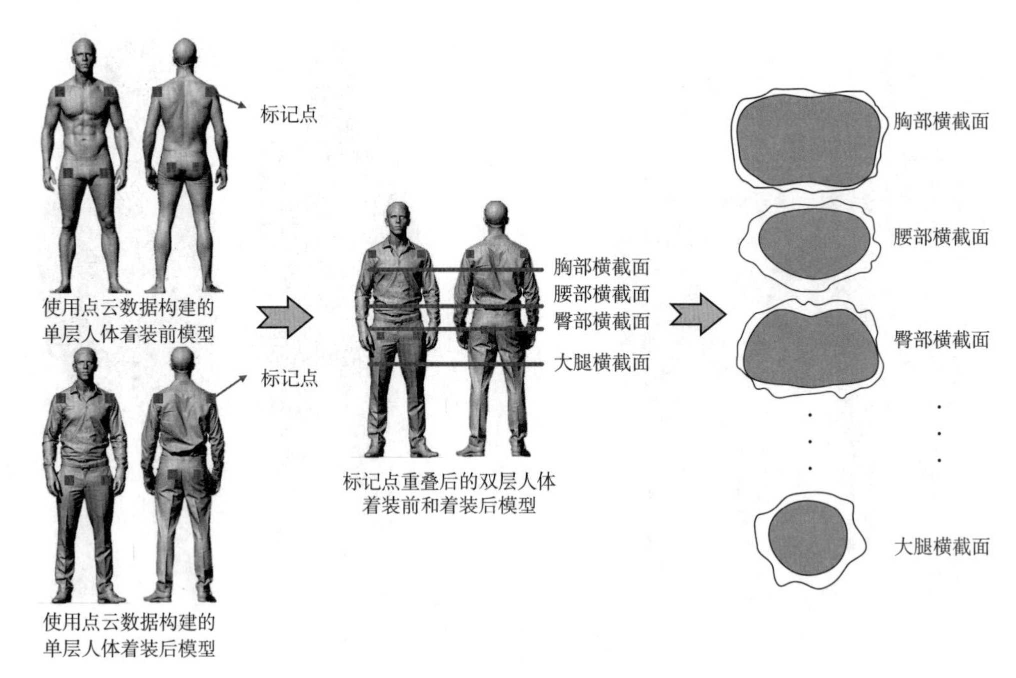

图1-7　基于三维人体扫描的服装放松量以及空气层厚度测量方法

上服装的某一点和人体中心点之间连线与水平线之间所构成的夹角；R是在水平横截面上服装的某一点和人体中心点之间的直线距离），通过分析波形特征，评估服装的合体性（图1-8）。

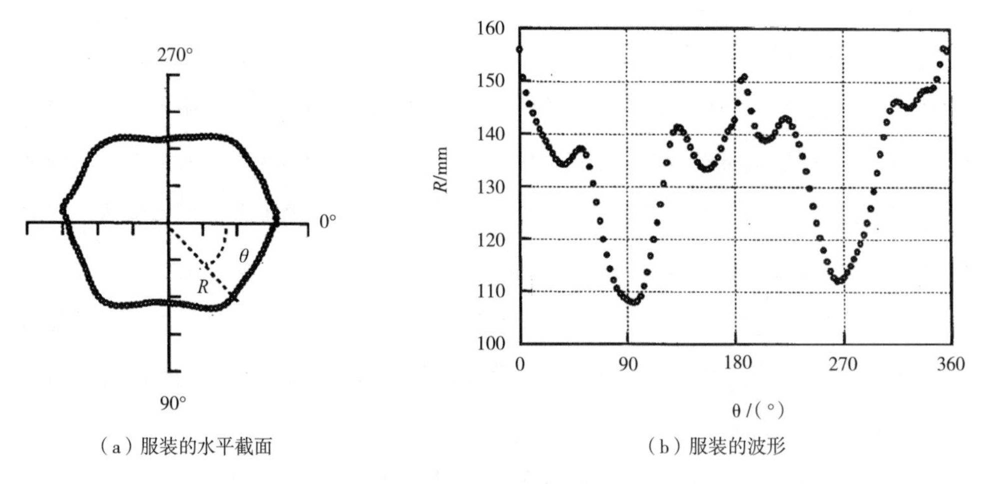

（a）服装的水平截面　　（b）服装的波形

图1-8　服装的水平横截面和服装的波形[100, 104]

（3）模糊数学法：模糊数学法是使用模糊逻辑理论将服装合体性较难精确表达的

感受模糊化处理，进而评估服装的合体性。例如，戴玮等人[107-109]提出以放松量作为服装合体性评估的主要参考指标，将服装的合体性分为不同的状况，使用模糊数学理论构建服装合体性的隶属度函数，依据合体性的隶属度值评估服装的合体性；陈晓玲等人[14]使用层次分析法和三角模糊数计算样衣合体性评价的综合值，以此评估样衣的静态和动态的合体性；Chen等人[110-111]使用模糊逻辑和感性评估技术构建一个在不同姿势和动作下裤子放松量的模糊预测模型，利用有序加权平均算子得到不同部位合体性较好的加权放松量，进而使用该加权放松量设计和优化裤子纸样。

（4）数理统计法：数理统计法是使用因子分析、聚类分析、主成分分析、关联分析和回归分析等应用统计方法对表征服装合体性指标的数据进行分析，进而评估服装的合体性。例如，Loker等人[112]依据三维人体扫描获取试穿者在着装状态下的3D点云数据，使用软件Polyworks测量模型中服装的围度以及人体与服装之间的横截面积和体积等，应用K-Mean聚类分析法对上述三类测量数据进行分析，根据分析结果对服装的合体性进行评价；Liu等人[113]使用虚拟仿真技术模拟人在日常生活状态下的各种动作，通过测量这些状态下的数字化服装压力，运用因子分析处理压力数据。其因子分析结果表明：臀腰部位、小腿部位、裆部以及大腿部位对服装合体性的影响分别占39.17%、16.4%、13.96%和6.95%。

（5）虚拟试穿法：虚拟试穿法是通过分析虚拟试穿生成的图形或指标数值等评估服装的合体性。近年来，虚拟试穿技术被广泛应用于服装产品开发和合体性评估等领域[114-115]，该技术使用服装样板虚拟缝合构建逼真的3D服装模型。虚拟试穿的基本流程如图1-9所示：首先制板师制作服装纸样［图1-9（a）］，其次输入纸样到虚拟试穿软件中模拟缝合过程［图1-9（b）］，最后仿真服装在自然状态下的各种力学性能［图1-9（c）］。在真实人体试穿过程中，试穿者可以根据感觉判断服装是否合体；然而在虚拟试穿过程中，人体模型却无法表达对服装合体性的感受[116]，所以，一些辅助手段被用于评估虚拟试穿的合体性。目前，主要有两种方法评估虚拟试穿服装的合体性。第一种方法是评估人员通过对虚拟试穿所生成的压力图、应力图以及合体部位分布图等视觉上的观察，主观判断服装的合体性（图1-10）[17, 69, 73]。然而，虚拟试穿所产生的图形完全依赖于软件中的一些数学模型[117]，这些数学模型有一定的局限性，这就导致评估的结果可能与真实情况存在偏差，此外，评估者个人主观因素对评估结果的可靠性同样存在着较大影响。因此，图形观察法评估虚拟试穿服装的合体性并不完全可靠，只能作为参考使用。另一种方法是依据测量虚拟试穿后产生的数字化服装压力、虚拟应力、空气层厚度以及放松量等，通过对数据的分析客观地评估服装的合体性[113, 118–119]。例如，Liu等人[61, 113]使用图1-11中的方法测量数字化服装压力数据，然后通过对压力数据的分析评估服装的合体性。

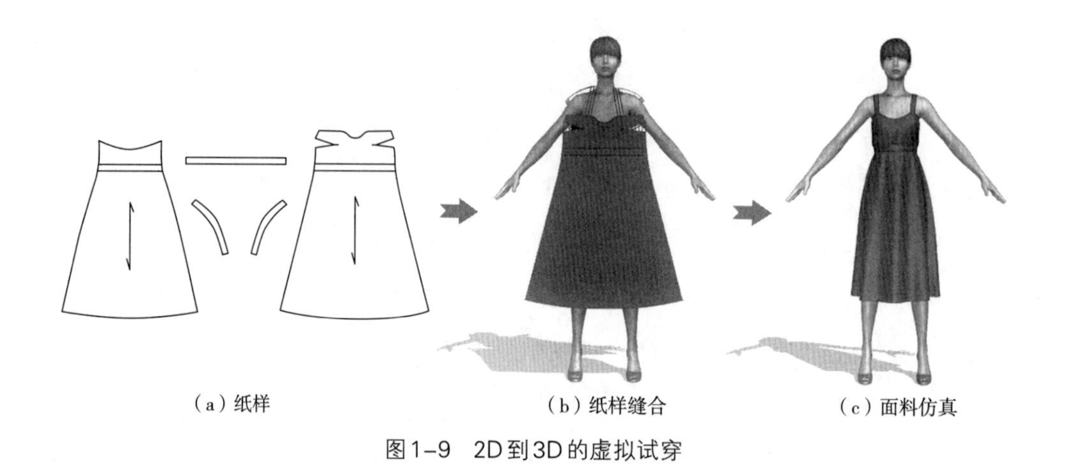

（a）纸样　（b）纸样缝合　（c）面料仿真

图1-9　2D到3D的虚拟试穿

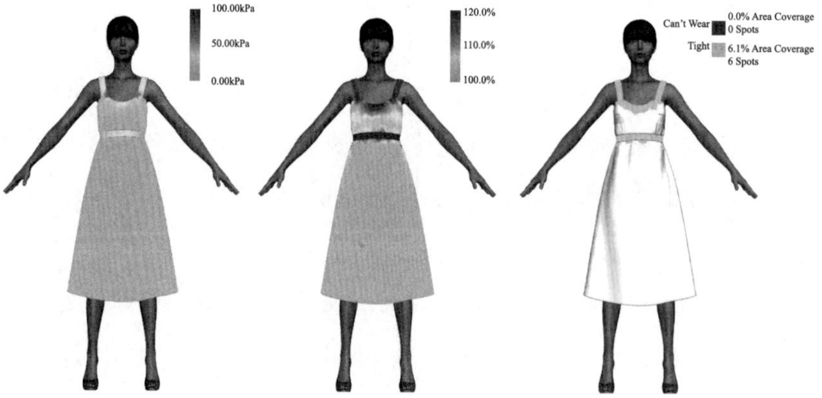

100.00kPa
50.00kPa
0.00kPa

120.0%
110.0%
100.0%

Can't Wear 0.0% Area Coverage 0 Spots
Tight 6.1% Area Coverage 6 Spots

（a）压力图　（b）应力图　（c）服装合体图

图1-10　虚拟试穿的合体性评估

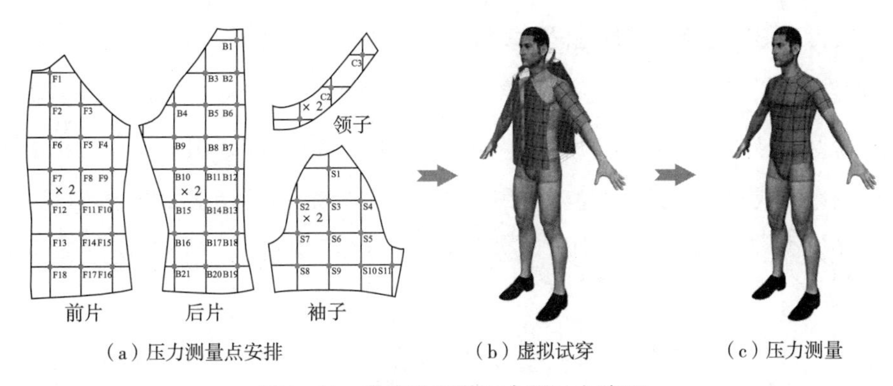

图1–11 数字化服装压力测量方法[61]

1.3 研究内容、方法与思路

1.3.1 研究内容

1.3.1.1 服装款式与服装结构关联设计技术

综合上述文献资料对服装设计方法的分析可知，目前服装款式设计与结构设计的主要研究内容集中在如何使用计算机技术简化设计过程，提高设计效率和实现设计过程的自动化[120]，而对如何整合服装款式设计和结构设计的研究较少。服装款式设计与结构设计的方法完全不同，款式设计通常属于艺术设计范畴，而结构设计通常属于工程设计范畴。服装款式设计与结构设计方法之间的差异导致目前在服装企业中款式设计和结构设计属于两个完全不同的部门。在服装产品开发阶段，服装结构设计部门需要与服装款式设计部门反复地沟通，以便制板师能够正确地理解设计师的意图。然而即便如此，制板师开发的纸样也通常会与设计师期望的效果存在出入[45, 121]，制板师需要按设计师的要求多次修改纸样直到双方满意为止。这种情况导致了服装新产品开发周期较长、效率低等问题。不难看出，目前的服装设计方法与当今快速变化的市场和客户个性化的需求之间存在着一定的矛盾。因此，本书提出服装款式与服装结构关联设计技术，试图从服装设计的方法入手，探索如何将两个原本分开的工作——服装款式设计和结构设计整合到一起，使服装款式图和其结构图能够同时自动生成。

1.3.1.2 3D交互式服装纸样开发技术

综合上述文献资料对3D服装纸样开发的分析可知，目前该方向的研究主要存在以下四个问题：①操作过程过于复杂，在实际纸样开发中较难应用；②仅适用于简单款式，复杂款式则较难实现；③只适用于紧身服装以及少数特定款式的宽松服装，并不适用于大多数宽松服装；④只将服装当作刚体处理，并没有考虑面料的物理和机械性能等。

随着计算机虚拟仿真技术的发展，3D服装设计在将来有望取代传统服装设计，然而由于该方面的技术还不完善，传统的服装设计和3D服装设计将会长期共存。目前2D到3D的虚拟试穿技术可以帮助设计师评估服装款式是否可行，以及快速构建各种3D服装模型[114, 122]；3D到2D的纸样展开技术可以帮助制板师获取初始服装纸样[61–62, 71]。然而单独使用其中任何一项技术都不能有效地开发服装纸样。因此，本书提出了3D交互式服装纸样开发技术，试图从3D服装纸样开发的方法入手，探讨如何整合2D到3D的虚拟试穿技术和3D到2D的纸样展开技术，通过人机交互的方式实现不依赖经验知识的纸样开发方法。

1.3.1.3 基于机器学习的服装合体性评估技术

综合上述文献资料对服装合体性评估的分析可知，该方向的研究内容主要集中在依据服装放松量或空气层厚度等一些物理指标评估服装的合体性。然而服装的合体性受款式、纸样[123]、体型[79, 124–127]、人体尺寸[19, 128]、面料[129–130]等多种因素的影响，空气层厚度和放松量既没有考虑服装与人体之间的空隙等于零的情况，也没有涉及面料的性能。例如，服装放松量和空气层厚度一样的情况下，不同面料的机械性能对服装合体性的影响也显著不同。由此可见，服装放松量和空气层厚度这两个指标并不能真实地反映服装的合体性；而通过虚拟试穿获取服装压力图、应力图和合体性分布图等视觉上的评估取决于评估者的个人经验和喜好等，评估的结果也并不可靠。

目前无论是真实试穿的合体性评估还是虚拟试穿的合体性评估方法都存在着较多的不足之处。通过真实试穿评估服装的合体性主要存在以下两个方面的不足：其一，需要制作出真实的服装；其二，需要现场试穿。同样，虚拟试穿评估服装的合体性主要也存在以下两个方面的不足：其一，视觉上的评估可靠性低；其二，需要评估者具备丰富的相关经验。在这种背景下，本书提出了基于机器学习的服装合体性评估技术，试图使用机器学习算法构建一个输入项反映服装合体性状况的物理指标，输出项为服装是否合体的数学模型，该模型通过从现有的服装合体性评估数据中不断地学习，可以在无需真实试穿的情况下准确地预测服装的合体性。

1.3.2　技术路线

服装设计与生产的一般流程如图1-12所示。首先设计师依据设计要求绘制服装款式图，其次制板师按照服装款式图制作服装纸样，最后生产人员依据服装纸样制作服装样衣并评估服装的合体性。如果服装合体性达到要求，则纸样进入下一步工业化生产；如果服装合体性未达到要求，则制板师需要对纸样进行修改，直到其合体性达到设计要求为止。由此可见，服装款式设计、服装结构设计以及合体性评估三者相互关联，相互影响。服装设计与合体性评估对服装产品开发起着至关重要的作用，如何提升设计的效率与合体性评估的准确度是本书关注的焦点问题。

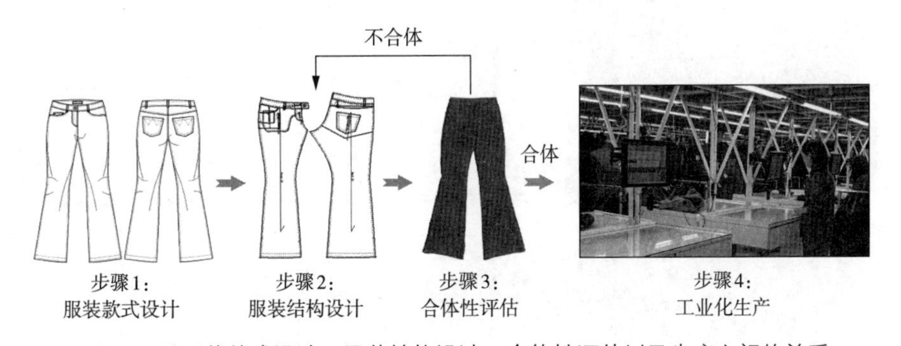

图1-12　服装款式设计、服装结构设计、合体性评估以及生产之间的关系

本书旨在提升服装设计过程的自动化与智能化程度，为实现服装企业产品设计与开发方向的智能制造奠定理论基础。如图1-13所示，服装智能设计与合体性评估系统分为四大部分：

（1）服装款式与服装结构关联设计的研究：通过构建服装款式与服装结构之间的数学关系模型，整合了服装款式设计与结构设计，使得两者原本属于不同部门的工作合二为一。

（2）3D交互式服装纸样开发的研究：通过人机交互将原本经验性较强的服装纸样开发工作交由计算机完成，在人机交互的过程中计算机将复杂的服装结构设计知识转化为可执行的程序，最终在3D交互式服装纸样开发技术的辅助下，经验欠缺的制板师也可以开发出合体性较好的服装纸样。该技术显著提升了个性化服装纸样的开发效率和服装的合体度。

（3）基于机器学习的服装合体性评估的研究：通过构建一个基于机器学习算法的服装合体性评估模型，预测服装的合体性。该模型从真实服装合体性评估的实验数据中不断地学习，然后可以在无需真实试穿的情况下，对服装合体性进行准确地预测。

（4）服装智能设计与合体性评估系统应用的研究：通过整合服装款式与服装结构关联设计技术、3D交互式服装纸样开发技术以及基于机器学习的服装合体性评估技术为服装批量生产、量身定制、大规模定制以及网络销售提供一系列可行的设计与评估方案。

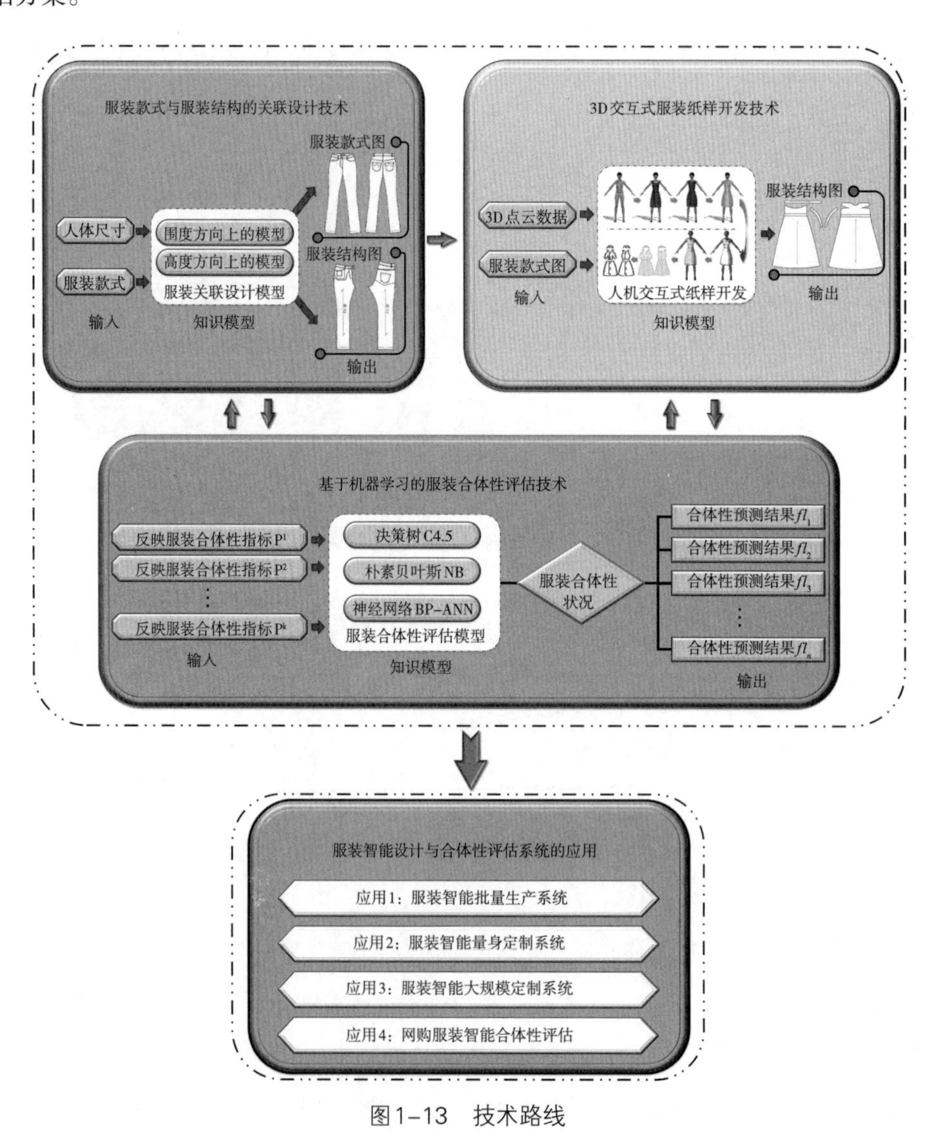

图1-13　技术路线

整个服装智能设计与合体性评估系统是在整合了传统服装设计的经验知识、专家知识以及数据分析所得的知识的基础上开发的智能系统，使用者无需具备丰富的服装产品开发知识，就可以利用该系统开发和评估服装产品。由此可见，服装智能设计与合体性评估研究的目的在于摆脱对设计人员的依赖，尽可能地提高服装设计过程的自动化和智能化程度，实现服装产品开发工作的性质由劳动密集型转为知识密集型。

本书从知识建模入手，对服装设计知识的抽取、表达和应用进行了深入和系统地研究。该课题的研究体现了多学科交叉的特点，涉及服装设计、服装舒适性、人体工程学、知识工程、计算机图形学和机器学习等领域。本书的研究不仅可以为设计领域的知识建模提供一定的参考，也对服装企业的产品开发具有重要的现实意义和应用价值。

第2章

传统计算工具及机器学习算法

» » 服装设计知识的数学建模是实现服装设计自动化和智能化的基础。目前，线性回归模型广泛应用于服装设计和纸样开发领域的知识建模[36, 131-132]，这主要是因为线性模型既简单易懂又实用。然而，在服装设计与合体性评估领域存在较多方面不适合使用线性回归构建知识模型。因此，本章不但论述了传统的计算工具线性模型的原理、优缺点以及适用范围，而且阐述了机器学习算法——贝叶斯分类器、决策树以及神经网格的理论知识，为构建服装设计与合体性评估的知识模型，提供必要的理论支撑。

2.1 线性回归模型

线性回归模型用于构建两个或两个以上变量之间的线性关系。如果所构建的线性模型中仅包含一个因变量和一个自变量，则称该模型为一元线性回归模型；如果所构建的线性模型中包含一个因变量和多个自变量，则称该模型为多元线性回归模型。

2.1.1 一元线性回归

设Y是一个可观测的随机变量，其值受到非随机变量x以及随机误差 ε 的共同影响。Y与x的数学关系表述如下：

$$Y = \beta_0 + \beta_1 x + \varepsilon \tag{2-1}$$

其中，β_0和β_1称为回归系数；Y和x分别称为因变量和自变量；ε的均值$E(\varepsilon)$等于0；ε的方差var（ε）等于σ^2（$\sigma>0$）。如果Y与x存在着式（2-1）的线性关系，则称式（2-1）为一元线性回归模型[133]。

两变量之间是否存在线性相关性是决定所构建的线性回归模型是否合适的关键

因素。线性相关性可以通过散点图进行观测和评估，首先从样本中获取n组观测数据（x_1, y_1），（x_2, y_1），…，（x_n, y_n），依据收集的n组观测数据绘制数据点（x_i, y_i）（i=1, 2, …, n）的散点图。如果散点图大体呈线性形状，则认为式（2–1）可以较好地构建Y与x之间的数学关系模型，即两者之间呈线性关系，否则说明线性回归并不适合构建Y与x之间的数学关系。

如果检验表明Y与x之间存在着显著线性相关性，则式（2–1）中β_0和β_1的估计由式（2–2）给出：

$$\begin{cases} \hat{\beta}_0 = \overline{y} - \overline{x}\beta_1 \\ \hat{\beta}_1 = L_{xy} / L_{xx} \end{cases} \tag{2–2}$$

其中，$\hat{\beta}_0$和$\hat{\beta}_1$分别表示β_0和β_1的估计；$\overline{x} = \frac{1}{n}\sum_{i=1}^{n} x_i$；$\overline{y} = \frac{1}{n}\sum_{i=1}^{n} y_i$；$L_{xx} = \sum_{i=1}^{n}(x_i - \overline{x})^2$；$L_{xy} = \sum_{i=1}^{n}(x_i - \overline{x})(y_i - \overline{y})$。最后，由式（2–1）和式（2–2）得出一元线性回归模型的经验公式为：

$$\hat{y} = \hat{\beta}_0 + \hat{\beta}_1 x \tag{2–3}$$

2.1.2 多元线性回归

设Y是一个可观测的随机变量，其受到t（$t>0$）个非随机变量$X_1, X_2, \cdots, X_t$以及随机误差ε的共同影响。Y与$X_1, X_2, \cdots, X_t$的数学关系模型表述如下：

$$Y = \beta_0 + \beta_1 X_1 + \beta_2 X_2 + \cdots + \beta_t X_t + \varepsilon \tag{2–4}$$

其中，ε的均值等于0；ε的方差等于σ^2（$\sigma>0$）；$\beta_0, \beta_1, \cdots, \beta_t$称为回归系数。如果$Y$与$X_1, X_2, \cdots, X_t$之间关系属于线性关系，那么式（2–4）称为多元线性回归模型[133]。

如果Y与$X_1, X_2, \cdots, X_t$之间可以由多元线性回归模型表示且总体（$X_1, X_2, \cdots, X_t; Y$）的n组观测值为（$x_{i1}, x_{i2}, \cdots, x_{it}; y_i$）（$i = 1, 2, \cdots, n; n>t$），则观测值（$x_{i1}, x_{i2}, \cdots, x_{it}; y_i$）（$i = 1, 2, \cdots, n; n>t$）应满足式（2–4），得到式（2–5）：

$$\begin{cases} y_1 = \beta_0 + \beta_1 x_{11} + \beta_2 x_{12} + \cdots + \beta_t x_{1t} + \varepsilon_1 \\ y_2 = \beta_0 + \beta_1 x_{21} + \beta_2 x_{22} + \cdots + \beta_t x_{2t} + \varepsilon_2 \\ \cdots \\ y_n = \beta_0 + \beta_1 x_{n1} + \beta_2 x_{n2} + \cdots + \beta_t x_{nt} + \varepsilon_n \end{cases} \tag{2–5}$$

其中，$\varepsilon_1, \varepsilon_2, \cdots, \varepsilon_n$之间相互独立，且设$\varepsilon_i \sim N(0, \sigma^2)$（$i = 1, 2, \cdots, n$），记为式（2–6）：

$$Y = \begin{Bmatrix} y_1 \\ y_2 \\ \vdots \\ y_n \end{Bmatrix},\ X = \begin{Bmatrix} 1 & x_{11} & x_{12} & \cdots & x_{1t} \\ 1 & x_{21} & x_{22} & \cdots & x_{2t} \\ \vdots & \vdots & \vdots & \cdots & \vdots \\ 1 & x_{n1} & x_{n2} & \cdots & x_{nt} \end{Bmatrix},\ \beta = \begin{Bmatrix} \beta_0 \\ \beta_1 \\ \vdots \\ \beta_t \end{Bmatrix},\ \varepsilon = \begin{Bmatrix} \varepsilon_1 \\ \varepsilon_2 \\ \vdots \\ \varepsilon_n \end{Bmatrix} \tag{2–6}$$

则式（2–4）的矩阵表示形式为式（2–7）：

$$Y = X\beta + \varepsilon \tag{2–7}$$

多元线性回归模型采用与一元线性回归模型类似的手段检验其线性相关性和估计其未知参数$\beta_0, \beta_1, \cdots, \beta_t$。

线性回归模型是第一种经过严格论证和研究的回归模型，同时也是最典型的一种回归模型，在较多领域得到广泛的应用[134]。这主要是因为线性回归模型与其他非线性模型相比，其未知参数少且更容易确定。在适合线性回归构建知识模型的领域，本书尽量采用线性回归模型，以便减少数据的收集量和计算量；在不适合线性回归构建知识模型的领域，本书将采用机器学习算法。基于上述分析，在第3章所提出的服装款式与服装结构关联设计技术的牛仔裤应用实例中，采用线性回归构建牛仔裤款式、结构与人体之间的数学关系模型；在第4章所提出的3D交互式服装纸样开发技术中，采用线性回归构建服装放松量模型、样片缝合力模型以及2D纸样缩放模型。

2.2 朴素贝叶斯

朴素贝叶斯分类器是在贝叶斯定理的基础之上构建的机器学习算法，有着稳固的数理基础[135]。作为早期贝叶斯分类器的一种类型，朴素贝叶斯分类器具有较高的分类或预测效率以及良好的新样本适应能力[136]。朴素贝叶斯分类器将类的属性看作彼此孤立且互不影响，即类条件相互独立。该假设简单处理原本复杂的类属性关系，虽然会丢失一定的数据信息，但分类过程中的运算量明显降低，这也是朴素贝叶斯分类器中“朴素”的由来[137]。

2.2.1 贝叶斯理论

设（Ω, F, P）为某一概率空间，假定 $A_i \subset \Omega (i=1, 2, \cdots, n)$，$A_i \cap A_j = \phi (i \neq j)$，$A_i = \Omega$，则称 $A_1, A_2, \cdots, A_n$ 为 Ω 的一个有穷部分。

设（Ω, F, P）为某一概率空间，假定 $A_1, A_2, \cdots, A_n$ 是 Ω 的某一有穷部分，$P(A_i) > 0 (i=1, 2, \cdots, n)$，则对任一事件 $B \in F$，有式（2–8）：

$$P(B) = \sum_{i=1}^{n} P(B \mid A_i)(A_i) \tag{2–8}$$

式（2–8）称为全概率式。

设（Ω, F, P）为某一概率空间，假定 $A_1, A_2, \cdots, A_n$ 是 Ω 的某一有穷部分，且 $P(A_i) > 0 (i=1, 2, \cdots, n)$，则对任一事件 $B \in F$ 且 $P(B) > 0$，有式（2–9）：

$$P(A_i \mid B) = \frac{P(B \mid A_i)(A_i)}{\sum_{j=1}^{n} P(B \mid A_i)(A_i)} \tag{2–9}$$

式（2–9）称为贝叶斯公式[138–139]。其中，$P(B \mid A_i)$ 称为先验概率；$P(A_i \mid B)$ 称为后验概率。从式（2–9）可以看出，后验概率可以通过先验概率计算得出。

2.2.2 朴素贝叶斯分类器

设 $D = \{d_1, d_2, \cdots, d_m\}$ 表示训练数据集，该数据集由 m 个样本组成。

设 $d_i = (a_{i1}, \cdots, a_{in}, c_i)$ 表示训练数据集中第 i 个样本的非类别和类别属性取值。其中，$a_{i1}, \cdots, a_{in}$ 表示 D 中样本 i 所包含 n 个非类别属性的不同取值，c_i 表示 D 中样本 i 的类别属性取值。

朴素贝叶斯分类算法实施如下[138]。

步骤 1：构建分类器的结构。

依据训练样本类别属性的不同取值，将其作为非类别属性的根节点，构造朴素贝叶斯模型的结构。

步骤 2：构建参数表。

依据训练数据集 $D = \{d_1, d_2, \cdots, d_m\}$ 和步骤 1 所得的朴素贝叶斯模型的结构进行参数学习，构建参数表。

步骤 3：计算后验概率。

对于一个待估样本（$a_1, a_2, \cdots, a_n$），其后验概率的计算方法如式（2-10）所示：

$$P(c^j \mid a)=\frac{P(c^j \mid a)\cdot P(c^j)}{P(a)}=\alpha\cdot P(c^j)\cdot\prod_{i=1}^{n}P(a_1 \mid c^j) \tag{2-10}$$

其中，α表示取值为某一常数的正则因子；c^j表示类别变量C的取值。

步骤4：依据式（2-10）所得的后验概率将分类属性未知的样本（$a_1, a_2, \cdots, a_n$）分配到类别$\arg\max P(c^j \mid a)$中。

朴素贝叶斯分类算法本质上是依据事件出现概率的高低，预测事件发生的可能性大小。在许多情况下，朴素贝叶斯分类器的学习和分类效率与其他机器学习算法，如决策树、支持向量机等相当，甚至更好[140-144]。朴素贝叶斯分类算法在实际中得到广泛的应用，该算法在做分类或预测时的优势主要概括为以下几点[145]。

（1）朴素贝叶斯算法有稳固的数学基础和良好的分类效果。

（2）朴素贝叶斯算法在分类阶段占用时间少，空间开销小。

（3）朴素贝叶斯算法在模型应用阶段有较好的容错能力。

（4）朴素贝叶斯算法在构建模型时所需的参数较少，算法简单，易于理解和运用。

综上所述，本书选择朴素贝叶斯作为三个基本算法之一，构建基于机器学习的服装合体性评估模型。

2.3 决策树

决策树是一种类似树状组织的知识表达方法（图2-1）。一棵决策树的所有非叶节点（包含根节点）表示样本数据的非类别属性；而所有叶节点表示样本数据的类别属性。决策树中从树根经树枝再到树叶的任一无分杈分枝代表一条知识规则。决策树的知识表达和应用的方法则是从根节点依据待估样本的每一个属性值进行递推判断，直到叶节点给出属于某一类别为止。

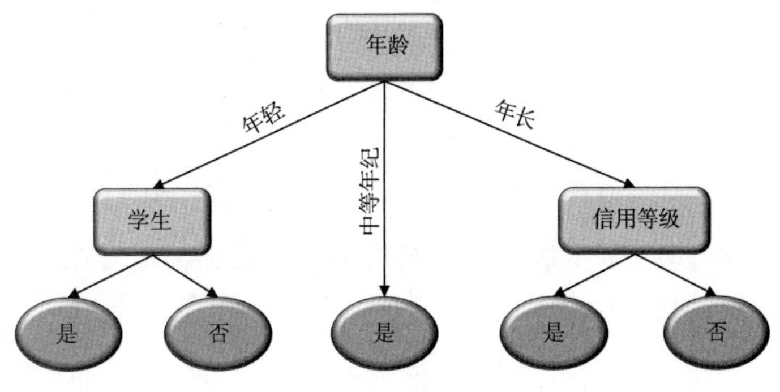

图2-1　决策树示例

2.3.1　决策树ID3算法

决策树ID3算法是由Quinlan于1975年首先提出的一种机器学习算法[146]，该算法运用信息论中的信息熵和增益度作为分类依据，研究事物或事件的分类问题。香农的信息论阐明：信息传递的充分性取决于系统的不确定性程度，系统不确定性越小，信息传递就越充分，反之亦然。依据香农所提出的信息理论，为了充分地传递信息，必须确保系统不确定性尽可能小。决策树ID3算法采纳信息增益值作为判断系统不确定性的标准，选取信息增益值的最大属性作为测试属性，依据测试属性的不同取值划分训练样本集[147]。信息增益值的计算方法由以下给出。

设S表示s个训练样本的总集合；

设m表示类别属性不同取值的数量；

设C_i（$i=1, 2, \cdots, m$）表示训练样本集第i个类别属性；

设s_i表示类C_i中所包含样本的数量；

样本集S的信息熵的计算见式（2–11）：

$$I(s_1, s_2, \cdots, s_m) = -\sum_{i=1}^{m} P_i \log_2 P_i \tag{2–11}$$

其中，P_i表示某一样本属于C_i的概率大小，该值通常用s_i/S估计。

设v表示属性A所包含的不同值数量；

设$\{S_1, S_2, \cdots, S_v\}$表示依据属性$A$将训练样本集$S$划分出来的$v$个子集；

设s_{ij}表示子集S_j中所包含的类别为C_i的样本的数量；

由A划分样本所产生信息熵值的计算由式（2–12）给出：

$$E(A)=\sum_{j=1}^{v}\frac{s_{1j}+s_{2j}+\cdots+s_{mj}}{S}I(s_{1j},s_{2j},\cdots,s_{mj}) \tag{2-12}$$

其中，$I(s_{1j},s_{2j},\cdots,s_{mj})=-\sum_{i=1}^{m}P_{ij}\log_2 P_{ij}$；$P_{ij}=s_{ij}/|S_j|$表示子集$S_j$中所包含的类为$C_i$的样本的概率。

最终，由属性A划分样本集S所产生的信息增益值的计算由式（2–13）给出：

$$Gain(A)=I(s_{1j},s_{2j},\cdots,s_{mj})-E(A) \tag{2-13}$$

在使用机器学习算法构建分类模型时，需要在总样本集中预留一部分样本用于测试和验证所建模型的预测精度。ID3算法中测试样本有两个用途：一是对生成的决策树进行剪枝处理，提升预测精度；二是测试所生成决策树的预测精度。

2.3.2 决策树C4.5算法

决策树C4.5算法是在ID3算法所采用的信息熵理论的基础上，由Qiulan于1993年提出[146]。C4.5算法之后所提出的一些决策树算法大多数借鉴了C4.5算法的核心部分。与决策树ID3算法相比，C4.5算法拓宽了对属性值的处理方法，即增加了对连续型属性和属性空缺情况下的解决方法，因此，C4.5算法的适用范围更广。C4.5算法的核心是增加了信息增益率这一概念，并以信息增益率作为选定测试属性的依据。信息增益率的计算方法由以下给出。

设T表示训练样本集（数据集）；

设A表示样本集T的离散属性；

设s表示样本集T离散属性不同取值的数量；

分裂信息量$Split(T)$的计算方法由式（2–14）给出：

$$Split(T)=-\sum_{i=1}^{s}\frac{|T_i|}{|T|}\times\log_2\left(P\frac{|T_i|}{|T|}\right) \tag{2-14}$$

信息增益率$Gain\ Ratio(T)$定义为信息增益值$Gain(T)$与分裂信息量$Split(T)$之间的比值[146]：

$$Gain\ Ratio(T)=\frac{Gain(T)}{Split(T)} \tag{2-15}$$

其中，属性A划分样本集T所得信息增益值$Gain(T)$的计算方法参照式（2–13）。依据式（2–15）计算各属性的信息增益率，使用信息增益率最高的属性划分样本集，进而构建决策树。

在收集训练样本时，样本集中可能会掺杂一些不完整数据。ID3算法处理某些属性的取值缺失时，通常选择删除该样本。C4.5算法则增加了对某些属性上取值缺失的处理方法。在使用C4.5构建决策树时，每一个样本给定一个权重值，任一样本的初始权重值设定为1.0。属性A将数据集T分割成s个子数据集$T_1, T_2, \cdots, T_s$，其中T_i表示s个子数据集中第i个子集。若数据集T_i所涵盖的测试属性A的值为非空和空的样本数量分别为n_1和n_2，则T_i中所包含属性值为空的样本的权重值正比于n_1/n_2。

使用C4.5算法初步生成一棵决策树后，需要依据各节点的分类误判率优化生成的决策树。导致决策树误判有两种情况：一是测试样本原本属于某一类别却被判别为不属于该类别；二是测试样本原本不属于某一类别却被判别为属于该类别。所有子节点的分类误判率相加构成了与其相对应的非叶节点的分类误判率。C4.5算法的剪枝原则是当某一节点N的分类误判率大于某一阈值时，则剪除节点N的全部分枝（该阈值指的是通过对节点N所涵盖的样本集T中全部样本进行类别判定，检验这些样本是否属于数据集T中出现频率最高的类别，由此导致的误判率）。最终，非叶节点N因失去全部分枝而变成一个叶节点，该叶节点的类别划归为数据集T中出现频率最高的类别。C4.5选择用于自身训练的样本数据评估分类的误判率，这种情况容易出现过度拟合的现象。为了避免过度拟合现象的发生，可采用一组未参与训练的新样本集进一步优化决策树，参与优化的新样本数量越多以及质量越高则优化后决策树过度拟合的程度越低。

决策树算法主要的优点总结如下[148–149]。

（1）决策树算法结构简单，易于实现。在使用决策树算法构建预测或分类模型时，建模者不必完全掌握该领域的相关知识。决策树算法所构建的判别树可以直接呈现数据的特征，其所表达的意义也较容易理解。

（2）决策树算法对数据源的前期处理工作简单。该算法可以在较短时间内处理大型数据，并得到可行且可靠的结果。

（3）决策树算法生成的结果直观且易用。通过生成的决策树可以较方便地推导出对应的逻辑表达式（IF–THEN形式）。无论是决策树还是逻辑表达式都可以直接用于分类或预测等。

与决策树ID3算法相比，决策树C4.5算法的改进归纳为以下几点。

一是ID3算法使用信息增益选取属性时，会导致结果倾向取值多的属性。C4.5算法采用信息增益率选取属性，避免了这种现象的出现。

二是C4.5算法可以在构建决策树的同时，进行剪枝处理。

三是C4.5算法拓宽了对不同数据类型的处理方法，该算法可以同时处理连续型和离散型数据。

四是C4.5算法增加了对缺失数据的处理方法。

综上所述，本书选择决策树C4.5算法作为三个基本算法之一，构建基于机器学习的服装合体性评估模型。

2.4 神经网络

2.4.1 神经网络的基本原理

人类的大脑是一个高级智能的信号处理系统，该系统由数量众多的神经元互相连接，相互关联而成[150]，其中任一神经元具备一系列处理和传递其所接受的电化学信号的能力。如图2-2所示，生物神经元主要有细胞体、树突、轴突和突触等部分构成[151]。电化学信号的传送过程如下：首先，突触接收大量的电化学信号，这些信号经树突传送到细胞体；其次，电化学信号中对细胞体起抑制作用的部分和刺激作用的部分相互叠加，当累加效果达到并超出一定的阈值时，细胞体则被激发并输出一个电

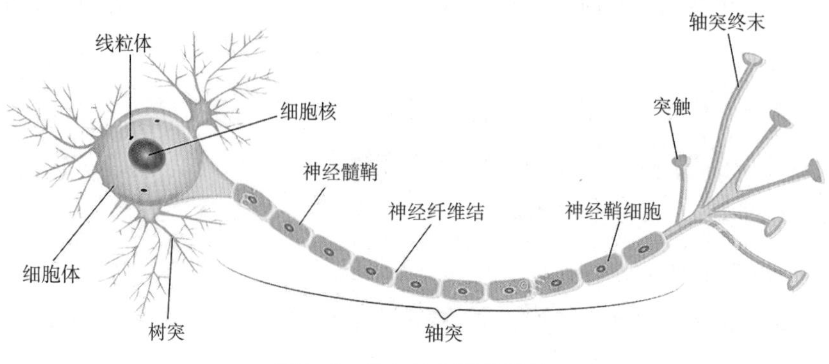

图2-2 生物神经元的结构

化学信号；最后，该电化学信号由轴突传送至邻近的神经元细胞，依次进行。人类大脑的神经网络结构由先天形成和后天通过学习而形成两部分组成。在对外界事物不断地学习过程中，神经元细胞之间的有些连接会慢慢地消失，而这些已有连接消失的同时又会产生大量的新连接。大脑神经网络源源不断地从现实事物中学习新知识，逐渐改变网络结构，可以对事物产生新的认知。

人工神经网络是依据大脑神经网络的工作原理而构建的一套智能信息处理系统。神经元细胞是大脑对外界信号处理和加工的基本单元，因此，在人工神经网络的构建过程中，首先需要模拟生物神经元细胞的主要功能，构造功能相似的人工神经元模型[152]。人工神经元模型通常采用式（2–16）所表述的一阶微分方程表示：

$$\begin{cases} \tau \dfrac{\mathrm{d}u_i}{\mathrm{d}t} = -u_i(t) + \sum w_{ij} x_j(t) - \theta_i \\ y_i(t) = f\left[u_i(t)\right] \end{cases} \tag{2–16}$$

人工神经元模型的输出函数有多种形式，本章给出三个常用的输出函数，如式（2–17）~式（2–19）所示。

（1）阈值型阶跃函数，如图2–3（a）所示，其数学表达如式（2–17）所示：

$$f(u_i) = \begin{cases} 1, & u_i \geqslant 0 \\ 0, & u_i < 0 \end{cases} \tag{2–17}$$

（2）分段线性函数，如图2–3（b）所示，其数学表达如式（2–18）所示：

$$f(u_i) = \begin{cases} 1, & u_i > u_2 \\ au_i + b, & u_1 \leqslant u_i \leqslant u_2 \\ 0, & u_i < u_1 \end{cases} \tag{2–18}$$

（3）S型函数，如图2–3（c）所示，其数学表达如式（2–19）所示：

$$f(u_i) = \frac{1}{1 + \exp(-u_i / c)}，（c为常数） \tag{2–19}$$

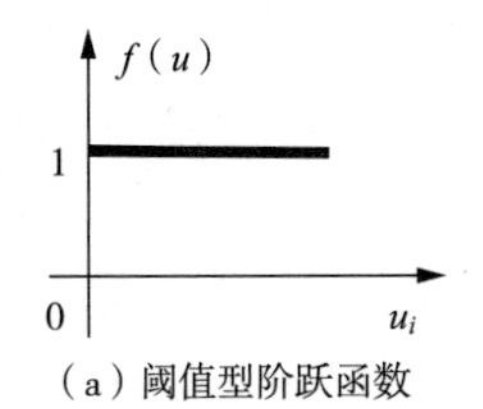

（a）阈值型阶跃函数

（b）分段线性函数

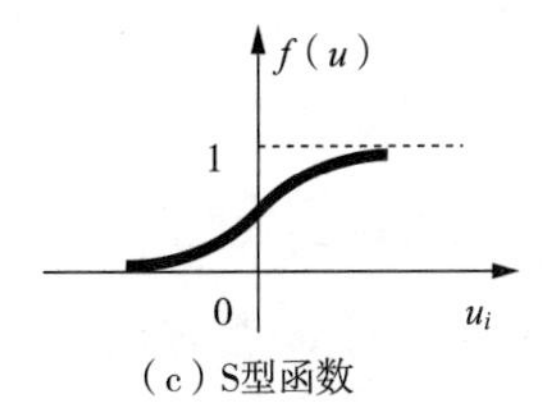

（c）S型函数

图2–3　激活函数

上述三种类型的函数都是在构建人工神经元模型时较常采用的输出函数，其中以S型函数最为常用，这主要是因为S型函数具有连续可导的特性，这种特性恰好可以反映类似生物神经元细胞的饱和特征。通过调整S型函数的参数值，可以使得S型函数实现模拟细胞体受到累加电化学信号到某一阈值后被激发的功能。正是由于S型函数具备类似阈值函数的功能，因此，在多数神经元的输出特征中多选用该函数。

2.4.2 神经网络BP算法

BP神经网络是一种依信号前向传递以及误差逆向传递算法训练的多层前馈型人工神经网络[153]。从图2-4中的BP神经网络的拓扑结构可以看出，BP神经网络本质上是一个构建输入项和输出项之间映射关系的非线性函数。当输入项和输出项分别为n维向量和m维向量时，BP神经网络则可以实现n维向量向m维向量的函数映射关系。通过对某一BP神经网络的训练，该网络可以实施预测、决策和评估等功能。BP神经网络的学习过程如下（部分符号的意义参见图2-4）。

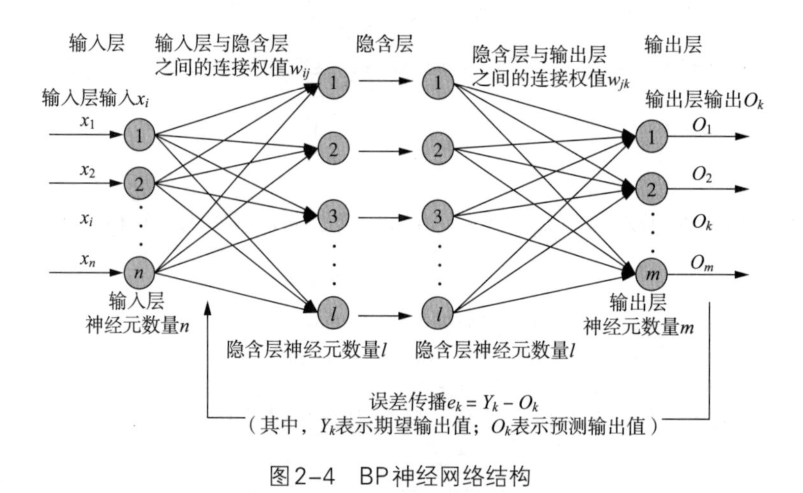

图2-4 BP神经网络结构

步骤1：初始化网络连接权值w_{ij}和w_{jk}以及隐含层和输出层阈值a_j和b_k；选取恰当的隐含层激励函数$f(x)$，该函数的设置需要根据实际情况决定，具体函数的数学表达形式参见图2-3；设置合适的学习速率η。

步骤2：隐含层输出H_j的计算如式（2-20）所示：

$$H_j = f\left(\sum_{i=1}^{n} w_{ij}x_i - a_j\right);\ j=1, 2, \cdots, l \tag{2-20}$$

步骤3：BP神经网络预测输出O_k的计算如式（2–21）所示：

$$O_k = \sum_{j=1}^{1} H_j w_{jk} - b_k;\quad k=1, 2, \cdots, m \tag{2-21}$$

步骤4：网络预测误差e_k的计算如式（2–22）所示：

$$e_k = Y_k - O_k;\quad k=1, 2, \cdots, m \tag{2-22}$$

步骤5：网络连接权值w_{ij}和w_{jk}的调整如式（2–23）和式（2–24）所示：

$$w_{ij} = w_{ij} + \eta H_j (1 - H_j)\ x(i) \sum_{k=1}^{m} w_{jk} e_k;\quad i=1, 2, \cdots, n;\ j=1, 2, \cdots, l \tag{2-23}$$

$$w_{jk} = w_{jk} + \eta H_j e_k;\quad j=1, 2, \cdots, l;\quad k=1, 2, \cdots, m \tag{2-24}$$

步骤6：网络隐含层和输出层阈值a_j和b_k的调整如式（2–25）和式（2–26）所示：

$$a_j = a_j + \eta H_j (1 - H_j) \sum_{k=1}^{m} e_k w_{jk};\quad j=1, 2, \cdots, l \tag{2-25}$$

$$b_k = b_k + e_k;\quad k=1, 2, \cdots, m \tag{2-26}$$

步骤7：根据网络误差判定BP算法的迭代是否终止，若网络误差未达到设计所需，则返回步骤2。

BP神经网络在样本学习过程中一直伴随着各连接权重的更新与调整，网络输出结果不断地逼近期望值。当网络预测误差达到可接受范围时，则停止学习。学习后的网络可以对一个新的输入变量，预测其相应的输出变量。

近年来，人工神经网络广泛应用于几乎所有的工业领域，其中又以BP算法应用最为广泛[154–155]。BP神经网络的优点归纳如下。

（1）非线性映射能力：BP神经网络模型本质上是一个数学函数，该函数可以通过调整自身参数近似地模拟其他任意非线性连续函数[156]，即BP神经网络拥有良好的非线性映射能力[157]。

（2）自学习和自适应能力：在不断地增加训练样本的情况下，BP神经网络可以持续地更新和调整连接权重，以适应新的环境，即BP神经网络拥有优秀的自学习和自适应能力[158]。

（3）泛化能力：对一个未参与网络训练的新样本，学习后的BP神经网络同样可以自动地预测该样本的类别，即BP神经网络拥有良好的泛化能力[159]。

（4）容错能力：当训练样本中存在一些错误数据时，该数据对BP神经网络的预测结果并不会构成显著的影响，即BP神经网络具备较强的容错能力。

综上所述，本书选择人工神经网络BP算法作为三个基本算法之一构建基于机器学习的服装合体性评估模型。

2.5 小结

本章分别阐述了线性回归模型、贝叶斯分类器、决策树以及神经网络的基本原理，在此基础上分析了这些计算工具的优缺点以及适用范围。依据实际情况，在第3章所提出的服装款式与服装结构关联设计技术的应用实例中，采用线性回归构建牛仔裤款式、结构与人体之间的参数化模型；在第4章所提出的3D交互式服装纸样开发技术中，采用线性回归构建服装放松量模型、样片缝合力模型以及2D纸样缩放模型；在第5章所提出的基于机器学习的服装合体性评估技术中，采用朴素贝叶斯、决策树C4.5以及BP神经网络构建服装合体性评估模型。本章所论述的计算工具为本书后续的论述提供了有效的理论支撑。

第 3 章

服装款式与服装结构关联设计技术

》》 服装款式图用于具体表达设计师的设计理念[160]，服装结构图是依据款式图分解构成服装衣片的平面纸样呈现形式[37]。服装款式设计与结构设计存在着密切关系，然而，目前在服装企业中两者属于不同的部门，款式设计由设计师完成，而结构设计由制板师完成[11]。在服装产品开发阶段，为了避免制板师对款式的理解偏差，设计师需要与制板师进行反复沟通[45]。服装款式设计与结构设计的分离是导致服装产品开发周期较长的主要原因之一。如果能够将服装款式设计与结构设计相整合，那么，服装产品的开发周期将大为缩短，这正是本章所要论述的内容。

3.1 服装款式与服装结构关联设计技术实现的基本方案

本章所提出的服装款式与服装结构关联设计技术的基本方案描述如图3–1所示，该技术的具体实施步骤如下。

首先，分别从高度方向上和围度方向上分析了服装款式图、服装结构图以及人体三者之间的关系。

其次，分别在高度方向上和围度方向上构建了服装款式图、服装结构图以及人体之间的数学关系模型。

最后，给出了一个服装款式与结构关联设计技术的应用实例，举例论证了牛仔裤款式与结构关联设计的可行性，并开发了一套牛仔裤款式与样板关联设计系统ADSJFP 2016，通过输入人体尺寸和牛仔裤款式参数，该系统可以自动生成牛仔裤的款式图和其结构图。

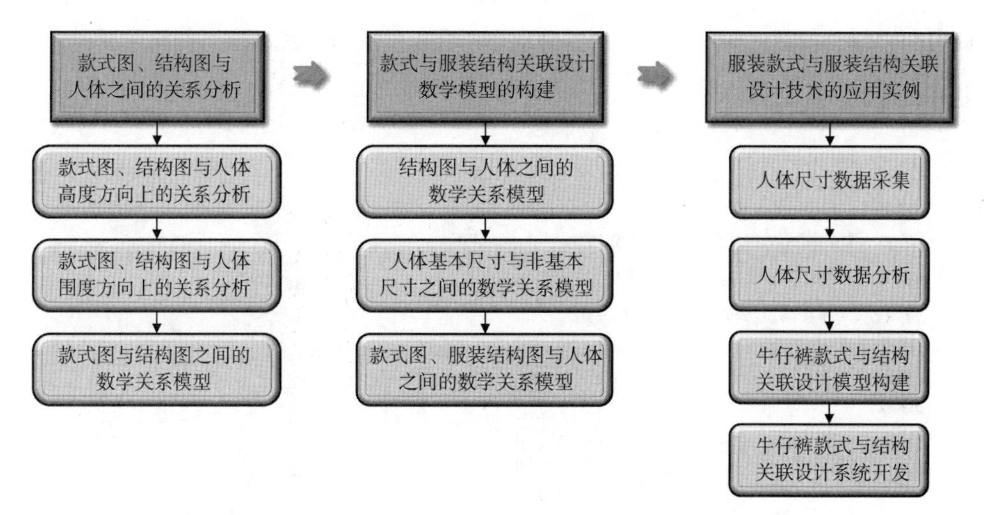

图3–1　服装款式与服装结构关联设计的基本方案

3.2　服装款式与服装结构关联设计数学模型的构建

3.2.1　服装款式图、结构图与人体之间的关系分析

人体尺寸是服装结构设计的基础[161]，而服装款式设计是依据服装与人体的比例，无需测量真实人体尺寸。如果同样赋予款式图以人体尺寸，那么，服装款式设计与结构设计就有了联系的纽带。本章所提出的服装款式与服装结构关联设计技术的基础是赋予款式图以人体尺寸，使得服装款式设计和结构设计基于共同的人体尺寸相整合。与传统服装设计方法相比，该方法是一个较新颖的设计方法。

研究表明，人体尺寸大体可以分为两大类：高度方向上的尺寸和围度方向上的尺寸[161–162]。服装款式设计和结构设计中所涉及的人体尺寸也可按上述两种类型进行分类。如图3–2（a）所示，服装款式图和结构图拥有共同的腰高线、臀高线、裆深线、膝高线和裤长线等。在高度方向上，服装款式图和其结构图的尺寸存在着一一对应关系；在围度方向上，服装横截面最宽部位的尺寸与款式图相应部位的宽度尺寸相等［图3–2（b）］。上述分析表明：服装款式图、服装结构图与人体三者之间具有密切的关系，服装款式图和服装结构图都可以通过人体尺寸表示出来，即可以基于人体尺寸同时绘制服装款式图和结构图。这即是本章所提出的服装款式与服装结构关联设计的基本原理。

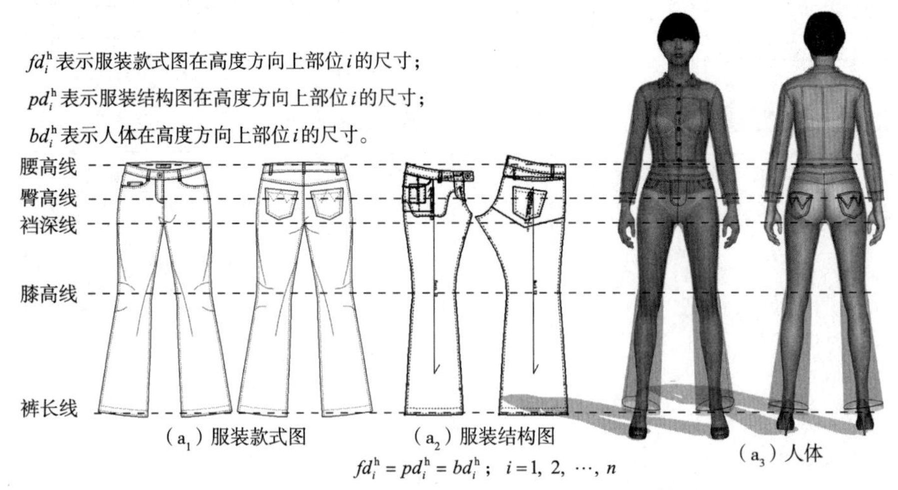

（a）服装款式图、服装结构图和人体在高度方向上的关系

fd_j^w 表示服装款式图在围度方向上部位 j 的尺寸；bd_j^w 表示人体在围度方向上部位 j 的尺寸；
pd_j^w 表示服装结构图在围度方向上部位 j 的尺寸；e_j 表示服装在围度方向上部位 j 的放松量；
c_{fp} 表示服装款式图与服装结构图在围度方向上的尺寸比例系数。

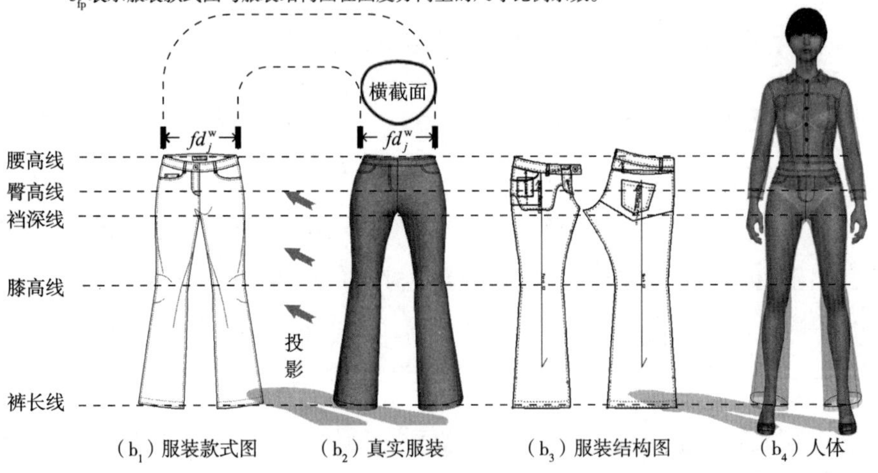

$$fd_j^w = c_{fp} \cdot pd_j^w = c_{fp}\left(bd_j^w + e_j\right); \quad j=1, 2, \cdots, m$$

（b）服装款式图、服装结构图和人体在围度方向上的关系

图3-2　服装款式图、结构图和人体三者之间的关系

3.2.2　服装款式图、结构图与人体之间数学关系模型的构建

3.2.2.1　基本概念的定义

本章中服装款式图、服装结构图以及人体三者之间数学关系模型的构建所涉及的概念以及数据定义如下。

设 fd_i^{h} 和 pd_i^{h} 分别表示在高度方向上服装款式图与其结构图在部位 i 的尺寸（i=1, 2, ⋯, n）;

设 fd_j^{w} 和 pd_j^{w} 分别表示在围度方向上服装款式图与其结构图在部位 j 的尺寸（j=1, 2, ⋯, m）;

设 bd_i^{h} 表示在高度方向上人体部位 i 的尺寸（如腰围高、臀围高、身高等）;

设 bd_j^{w} 表示在围度方向上人体部位 j 的尺寸（如腰围、臀围、裆宽等）;

设 kbd_x^{h} 表示在高度方向上第 x 个服装设计所需的人体基本尺寸（$x \in \{1, 2, \cdots, n\}$），所有高度方向上的尺寸都与该基本尺寸相关。高度方向上的基本尺寸来自数组 $\{bd_i^{\mathrm{h}} \mid i = 1, 2, \cdots, n\}$，其值取决于设计需求，不同款式基本尺寸则不同。例如，人体身高可以看作裤子设计所需的一个高度方向上的基本尺寸；

设 kbd_y^{w} 表示在围度方向上第 y 个服装设计所需的人体基本尺寸（$y \in \{1, 2, \cdots, m\}$），所有围度方向上的尺寸都与该基本尺寸相关。围度方向上的基本尺寸来自数组 $\{bd_j^{\mathrm{w}} \mid j = 1, 2, \cdots, m\}$，其值取决于设计需求，不同的款式基本尺寸则不同。例如，人体腰围和臀围可以看作裤子设计所需的两个围度方向上的基本尺寸；

设 c_{fp} 表示在围度方向上服装款式图与其结构图之间的尺寸比例系数；

设 e_j 表示某款服装在人体第 j 个部位的放松量；

设 n 表示在高度方向上绘制某款服装的款式图和其结构图所需要的所有尺寸的数量，其值取决于服装款式类型；

设 m 表示在围度方向上绘制某款服装的款式图和其结构图所需要的所有尺寸的数量，其值取决于服装款式类型；

设 k 表示在高度方向上某款服装在设计时所需要的人体基本尺寸的数量，其值取决于服装设计要求；

设 s 表示在围度方向上某款服装在设计时所需要的人体基本尺寸的数量，其值取决于服装设计要求；

设函数f_i（α）表示某款服装在设计时所需的人体高度方向上的基本尺寸与非基本尺寸之间的映射关系，对某一具体款式有k个高度方向上的基本尺寸$kbd_{i_1}^{h}$, $kbd_{i_2}^{h}$, …, $kbd_{i_k}^{h}$；

设函数g_i（β）表示某款服装在设计时所需的人体围度方向上的基本尺寸与非基本尺寸之间的映射关系，对某一具体款式有s个围度方向上的基本尺寸$kbd_{j_1}^{w}$, $kbd_{j_2}^{w}$, …, $kbd_{j_s}^{w}$。

3.2.2.2 构建服装款式图与结构图之间的数学关系模型

在高度方向上，服装款式图与其结构图之间的数学关系模型表述见式（3–1）:

$$fd_i^{h} = pd_i^{h};\ i=1, 2, \cdots, n \quad (3-1)$$

在围度方向上，服装款式图与其结构图之间的数学关系模型表述见式（3–2）:

$$fd_j^{w} = c_{fp} \cdot pd_j^{w};\ j=1, 2, \cdots, m \quad (3-2)$$

3.2.2.3 构建服装结构图与人体之间的数学关系模型

在高度方向上，服装结构图与人体之间的数学关系模型表述见式（3–3）:

$$pd_i^{h} = bd_i^{h};\ i=1, 2, \cdots, n \quad (3-3)$$

在围度方向上，服装结构图与人体之间的数学关系模型表述见式（3–4）:

$$pd_j^{w} = bd_j^{w} + e_j;\ j=1, 2, \cdots, m \quad (3-4)$$

3.2.2.4 构建人体基本尺寸与非基本尺寸之间的数学关系模型

在高度方向上，服装设计所需的人体基本尺寸与非基本尺寸之间的数学关系模型表述见式（3–5）:

$$bd_i^{h} = f_i(kbd_{i_1}^{h}, kbd_{i_2}^{h}, \cdots, kbd_{i_k}^{h});\ i=1, 2, \cdots, n;\ 1 \leqslant k \leqslant n \quad (3-5)$$

在围度方向上，服装设计所需的人体基本尺寸与非基本尺寸之间的数学关系模型表述见式（3–6）:

$$bd_j^{w} = g_j(kbd_{j_1}^{w}, kbd_{j_2}^{w}, \cdots, kbd_{j_s}^{w});\ j=1, 2, \cdots, m;\ 1 \leqslant s \leqslant m \quad (3-6)$$

3.2.2.5 构建服装款式图、服装结构图与人体之间的数学关系模型

依据式（3–1）、式（3–3）和式（3–5），在高度方向上，服装款式图和其结构图

以及人体尺寸三者之间的数学关系模型表述见式（3–7）和式（3–8）：

$$fd_i^{\mathrm{h}} = f_i(kbd_{i_1}^{\mathrm{h}}, kbd_{i_2}^{\mathrm{h}}, \cdots, kbd_{i_k}^{\mathrm{h}});\ i=1, 2, \cdots, n;\ 1 \leqslant k \leqslant n \tag{3-7}$$

$$pd_i^{\mathrm{h}} = f_i(kbd_{i_1}^{\mathrm{h}}, kbd_{i_2}^{\mathrm{h}}, \ldots, kbd_{i_k}^{\mathrm{h}});\ i=1, 2, \cdots, n;\ 1 \leqslant k \leqslant n \tag{3-8}$$

依据式（3–2）、式（3–4）和式（3–6），在围度方向上，服装款式图和其结构图以及人体尺寸三者之间的数学关系模型表述见式（3–9）和式（3–10）：

$$fd_j^{\mathrm{w}} = c_{fp} \cdot \left\{ g_j(kbd_{j_1}^{\mathrm{w}}, kbd_{j_2}^{\mathrm{w}}, \cdots, kbd_{j_s}^{\mathrm{w}}) + e_j^{\mathrm{w}} \right\};\ j=1, 2, \cdots, m;\ 1 \leqslant s \leqslant m \tag{3-9}$$

$$pd_j^{\mathrm{w}} = g_j(kbd_{j_1}^{\mathrm{w}}, kbd_{j_2}^{\mathrm{w}}, \cdots, kbd_{j_s}^{\mathrm{w}}) + e_j^{\mathrm{w}};\ j=1, 2, \cdots, m;\ 1 \leqslant s \leqslant m \tag{3-10}$$

最终，服装款式图和其结构图在高度方向上的尺寸可以依据式（3–7）和式（3–8）计算所得；在围度方向上的尺寸可以依据式（3–9）和式（3–10）计算所得。

3.3 服装款式与服装结构关联设计数学模型的应用

本节选用牛仔裤的款式与结构关联设计作为一个应用实例。如果服装款式与服装结构关联设计技术在牛仔裤的设计上得以实现，那么该技术同样适用于其他类似款式。

3.3.1 人体测量数据的收集及预处理

3.3.1.1 人体测量数据的获取

样本数量对数据分析结果以及其可信度具有重要影响。如果样本数量太少，则结果不具有代表性，而如果样本数量太多又会加大数据的收集难度。目前，存在较多的方法计算实验所需的最低样本数，每种方法都有各自的特点和适用范围。通过多次试验，本章采用ISO 15535：2012给出的公式计算最少采集样本数[163]：

$$N \geqslant 1.96^2 \times MAX(CV_i^2) / A^2 \tag{3-11}$$

其中，N表示所需样本的最低数量；CV_i表示每个测量项目的变异系数；A表示相对容许误差。考虑本章的研究是一个较普通的科学研究，A的取值设置为1.6%。依据式（3-11）计算样本最低所需量N的值为100。由于在测量过程中可能会产生一些无效样本，所以，最终决定收集的样本数量会稍大于100。

基于上述最低样本数量的计算，本实验人体测量对象是116个年龄介于20~30岁，身高介于145~175cm的高校女性。因为三维人体扫描仪具有快速、精确等优点[164-165]，所以，本书中选择VITUS Smart三维人体扫描仪测量并抽取人体尺寸数据。该扫描仪可以自动地从每个测量者身上抽取上百个人体尺寸数据，本书最终只选择每个测量者的14个与牛仔裤设计密切相关的人体尺寸用于本章的数据分析（图3-3）。

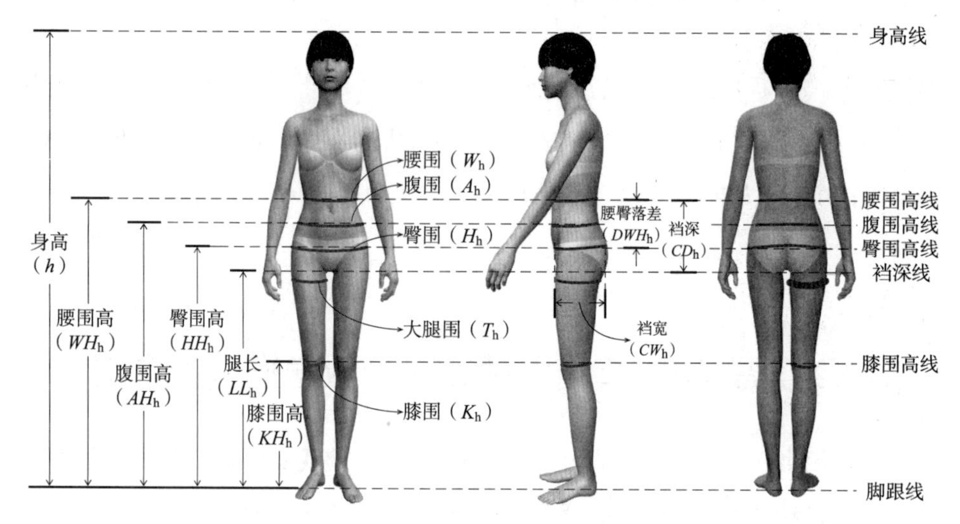

图3-3　测量尺寸的图示说明

3.3.1.2　数据预处理

自然界中的数据或多或少都具有不完整性，若不对收集的数据进行预处理，直接将其用于分析，将会导致结果的失真[166]。因此，数据预处理显得十分必要。本章选择描述性分析以及异常值检验对原始数据进行预处理。通过描述性分析和异常值检验规则3σ-rule[166]剔除了10个不合格的样本，所剔除的样本占总收集样本数的8%，最终有106个样本用于本章的数据分析（表3-1）。

表3-1　人体测量数据　　单位：cm

序号	h	LL_h	WH_h	HH_h	AH_h	KH_h	H_h	W_h	DWH_h	…	K_h
1	169.9	78.4	106.5	88.8	99.7	47.1	93.0	76.9	16.1	…	38.8
2	156.1	68.9	97.0	79.8	90.7	41.4	85.6	69.0	16.6	…	36.0

续表

序号	h	LL_h	WH_h	HH_h	AH_h	KH_h	H_h	W_h	DWH_h	…	K_h
⋮	⋮	⋮	⋮	⋮	⋮	⋮	⋮	⋮	⋮	…	⋮
106	161.9	69.8	101.5	82.9	95.4	43.5	94.3	64.5	29.8	…	36.2

注　h表示人体身高；LL_h表示人体腿长；WH_h表示人体腰围高；HH_h表示人体臀围高；AH_h表示人体腹围高；KH_h表示人体膝围高；H_h表示人体臀围；W_h表示人体腰围；K_h表示人体膝围。完整的测量数据见附录1。

3.3.2　人体测量数据分析

3.3.2.1　因子分析

因子分析广泛应用于数据精简和结构检验。本章选择因子分析处理人体测量数据的主要原因有两个：一是检验测量部位之间的结构关系，为数据精简提供依据；二是减少人体测量部位数量，从而降低纸样开发的难度。

在对数据进行因子分析之前，首先需要检验数据是否适合进行因子分析。表3-2中显示了Kaiser-Meyer-Olkin（KMO）[167-169]和Bartlett[168]的检验结果，KMO的值大约为“0.8”和显著性检验值为“0”表明该数据极其适合进行因子分析[168, 170]。

依据表3-3旋转后的因子载荷矩阵，抽取前两个主成分，如果累计贡献率低于要求，则继续增加主成分，直到主成分的累计贡献率达到要求为止。表3-4显示前两个因子的累计贡献率达到85.86%，表明前两个因子已能够表征人体尺寸数据的大部分信息特征。第一个因子主要包含身高、腿内长、腰围高、臀围高、腹围高和膝围高等，这些尺寸主要反映人体高度方向上的尺寸信息，因此，该因子被命名为高度因子[161]；第二个因子主要包含裆宽、腰围、臀围、腹围、大腿围和膝围等，这些尺寸主要反映人体围度或厚度方向的尺寸信息，围度与厚度之间也存在着较高的相关性，因此，该因子被命名为围度因子[161]。

表3-2　KMO和Bartlett检验

KMO	Kaiser-Meyer-Olkin检验统计量	0.791
Bartlett's球形检验	卡方检验值	2290.396
	df	78.000
	Sig	0.000

注　*df*表示自由度；*Sig*表示显著性检验的值。

表3-3 人体测量数据旋转后的因子负荷矩阵

序号	测量项目	缩写	主成分	
			1	2
1	人体的身高	h	0.960	0.205
2	人体的腰围高	WH_h	0.956	0.193
3	人体的腹围高	AH_h	0.930	0.152
4	人体的臀围高	HH_h	0.941	0.166
5	人体的腿长	LL_h	0.894	0.006
6	人体的膝围高	KH_h	0.903	0.228
7	人体的腰围	W_h	0.002	0.915
8	人体的腹围	A_h	0.202	0.919
9	人体的臀围	H_h	0.279	0.902
10	人体的大腿围	T_h	0.178	0.916
11	人体的膝围	K_h	0.227	0.775
12	人体的裆宽	CW_h	0.040	0.854

注 抽取方法为主成分分析方法；因子旋转方法为最大方差法。由于裆深CD_h的值是由腰围高WH_h减去腿长LL_h所得，腰臀落差DWH_h的值是由腰围高WH_h减去臀围高HH_h所得，故在因子分析中排除了CD_h和DWH_h（因子分析要求变量之间不能由直接运算所得）。

表3-4 总方差分解表

主成分	因子	初始特征值		
		特征值	贡献率	累计贡献率
1	高度因子	6.29	48.40%	48.40%
2	围度因子	4.87	37.47%	85.86%

注 抽取方法为主成分分析方法。

3.3.2.2 相关分析

上述因子分析表明，高度因子和围度因子是构成人体尺寸信息的两个主要因子。服装款式和服装结构设计所需的人体尺寸数据可以依据这两个因子进行简化，然而这两个因子中每个因子都包含了多个人体测量部位的尺寸。为了降低款式和结构设计的复杂度，需要从每个因子中找出少数几个具有代表性的尺寸用于表示其他尺寸。该方法的前提是需要因子内部的尺寸具有相关性。如果因子内部尺寸之间存在着相关性，则从中找出一个或多个容易测量的尺寸用于表示其他尺寸。表3-5的相关性分析结果表明高度因子和围度因子所包含的人体测量部位的尺寸分别具有显著相关性。在高度方向上，身高是最容易测量的部位，因此，将身高选作高度方向上的关键人体尺寸，其他高度因子所包含的尺寸都可以用身高表示；在围度方向上，腰围和臀围都较容易测量，且这两个尺寸对下装的设计都起到重要的作用[171]，因此，腰围和臀围选作围度方向上的关键尺寸，其他围度因子所包含的尺寸都可以用腰围或臀围表示。最终通过因子分析和相关分析，将身高、腰围和臀围选作牛仔裤设计中的三个主要尺寸，其他所有牛仔裤设计所需的尺寸都用这三个主要尺寸表示。

表3-5　12个测量变量之间的Pearson相关系数

变量	h	WH_h	AH_h	HH_h	LL_h	KH_h	W_h	A_h	H_h	T_h	K_h	CW_h
h	1.00	—	—	—	—	—	—	—	—	—	—	—
WH_h	0.95	1.00	—	—	—	—	—	—	—	—	—	—
AH_h	0.89	0.95	1.00	—	—	—	—	—	—	—	—	—
HH_h	0.92	0.94	0.91	1.00	—	—	—	—	—	—	—	—
LL_h	0.85	0.81	0.78	0.81	1.00	—	—	—	—	—	—	—
KH_h	0.92	0.88	0.83	0.85	0.81	1.00	—	—	—	—	—	—
W_h	0.19	0.19	0.14	0.14	0.07	0.21	1.00	—	—	—	—	—
A_h	0.39	0.37	0.33	0.32	0.20	0.39	0.88	1.00	—	—	—	—
H_h	0.47	0.45	0.41	0.41	0.20	0.44	0.75	0.88	1.00	—	—	—
T_h	0.36	0.34	0.29	0.33	0.15	0.37	0.78	0.84	0.90	1.00	—	—
K_h	0.36	0.36	0.34	0.32	0.18	0.40	0.65	0.70	0.71	0.74	1.00	—
CW_h	0.20	0.19	0.17	0.21	0.09	0.22	0.76	0.73	0.77	0.74	0.56	1.00

注　h表示人体身高；LL_h表示人体腿长；WH_h表示人体腰围高；HH_h表示人体臀围高；AH_h表示人体腹围高；KH_h表示人体膝围高；H_h表示人体臀围；W_h表示人体腰围；CW_h表示人体裆宽；A_h表示人体腹围；T_h表示人体大腿围；K_h表示人体膝围。由于裆深CD_h的值是由腰围高WH_h减腿长LL_h所得，腰臀落差DWH_h的值是由腰围高WH_h减臀围高HH_h所得，所以，裆深CD_h和腰臀落差DWH_h没有涉及此次的相关分析。

3.3.2.3　线性回归分析

上述因子分析和相关分析表明身高、腰围和臀围可以作为牛仔裤设计的三个主要尺寸，其他尺寸都可以用这三个尺寸表示。目前，线性模型已较好地应用于服装结构设计[19-20]，因此，本章选择线性回归模型构建身高与其他高度方向上尺寸的线性关系，以及腰围和臀围与其他围度方向上尺寸的线性关系，即式（3-7）和式（3-8）中的函数f_i（α）设置了线性回归函数。线性回归分析显示：在高度方向上，身高与腰围高、臀围高、裆深、膝围高的线性回归模型的R^2（拟合优度）和调整R^2都大于

"0.7"，这表明线性回归模型的拟合度较高[172–173]，即线性回归模型可以较好地构建高度方向上人体尺寸之间的关系（表3–6）。表3–6中的四个回归方程中的显著性检验值都为"0"，表明身高与其他高度方向上的尺寸存在显著线性相关性[172–173]。这些线性回归模型将应用于后续的牛仔裤款式与结构关联设计。

表3–6　线性回归分析和建模

序号	回归模型/cm	R^2	调整R^2	F	$Sig.$
1	$WH_h = 0.745h - 19.344$	0.90	0.90	942.44	0.00
2	$HH_h = 0.686h - 28.210$	0.85	0.85	1402.51	0.00
3	$CD_h = 0.532h - 14.478$	0.72	0.72	276.16	0.00
4	$KH_h = 0.367h - 15.911$	0.85	0.84	579.89	0.00

注　h表示人体身高；WH_h表示人体腰围高；HH_h表示人体臀围高；CD_h表示人体裆深；KH_h表示人体膝围高；Sig表示置信水平在95%显著性检验值。

3.3.3　牛仔裤款式与结构在高度方向上的关联设计

如图3–4所示，在高度方向上，腰围高、臀围高、裆深和膝围高是牛仔裤款式与结构关联设计所需要的4个基本尺寸。依据式（3–7）和式（3–8）以及表3–6，这四个尺寸与身高建立的回归关系表示见式（3–12）~式（3–15）：

$$WH_f = WH_p = 0.745h - 19.344 \quad (3\text{–}12)$$

$$HH_f = HH_p = 0.686h - 28.210 \quad (3\text{–}13)$$

$$CD_f = CD_p = 0.532h - 14.478 \quad (3\text{–}14)$$

$$KH_f = KH_p = 0.367h - 15.911 \quad (3\text{–}15)$$

其中，h表示人体的身高；WH_f、HH_f、CD_f和KH_f分别表示基本款牛仔裤款式图的腰围高、臀围高、裆深和膝围高；WH_p、HH_p、CD_p和KH_p分别表示基本款牛仔裤结构图的腰围高、臀围高、裆深和膝围高。本书中基本款牛仔裤指的是裤子腰高线与人体腰高线一致，裤长线至人体脚踝处的直筒型牛仔裤。

最终，牛仔裤款式和结构设计所需要的尺寸都可依据式（3–12）~式（3–15）计算所得。

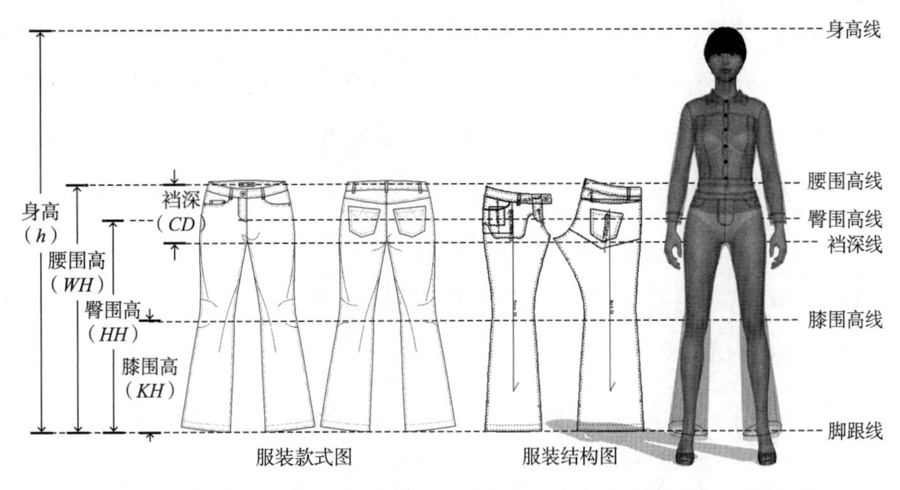

图3-4　牛仔裤款式图、结构图以及人体三者之间在高度方向上的关系

3.3.4　牛仔裤款式与结构在围度方向上的关联设计

如图3-5所示，在围度方向上，腰围宽、臀围宽、膝围宽和脚口宽是牛仔裤款式设计所需要的4个基本尺寸；腰围、臀围、膝围和脚口围是牛仔裤结构设计所需要的4个基本尺寸。依据式（3-9）和式（3-10），牛仔裤款式设计和结构设计所需要的8个尺寸与腰围或臀围之间建立的回归关系表示见式（3-16）~式（3-23）：

$$W_{\mathrm{p}} = W_{\mathrm{h}} + e_{腰} \tag{3-16}$$

$$H_{\mathrm{p}} = H_{\mathrm{h}} + e_{臀} \tag{3-17}$$

$$K_{\mathrm{p}} = 0.4H_{\mathrm{h}} + c_{膝} \tag{3-18}$$

$$LO_{\mathrm{p}} = 0.4H_{\mathrm{h}} + c_{脚口} \tag{3-19}$$

$$WW_{\mathrm{f}} = (1-0.618)(W_{\mathrm{h}} + e_{腰}) \tag{3-20}$$

$$HW_{\mathrm{f}} = (1-0.618)(H_{\mathrm{h}} + e_{臀}) \tag{3-21}$$

$$KW_{\mathrm{f}} = (1-0.618)(0.4H_{\mathrm{h}} + c_{膝}) \tag{3-22}$$

$$LOW_{\mathrm{f}} = (1-0.618)(0.4H_{\mathrm{h}} + c_{脚口}) \tag{3-23}$$

其中，W_p、H_p、K_p和LO_p分别表示基本款牛仔裤结构设计所需的腰围、臀围、膝围和脚口围；WW_f、HW_f、KW_f和LOW_f分别表示基本款牛仔裤款式设计所需的腰围宽、臀围宽、膝围宽和脚口宽；H_h和W_h分别表示人体的臀围和腰围；$e_{腰}$和$e_{臀}$分别表示牛仔裤在腰部和臀部的放松量；$c_{膝}$和$c_{脚口}$表示两个常数，其值取决于牛仔裤的款式。其中，式（3-18）和式（3-19）的线性回归关系已有人研究[174]；式（3-20）~式（3-23）是基于式（3-2）推导所得；WW_f和HW_f的推导细节参考图3-5；KW_f和LOW_f的推导方法与WW_f和HW_f的推导方法类似。

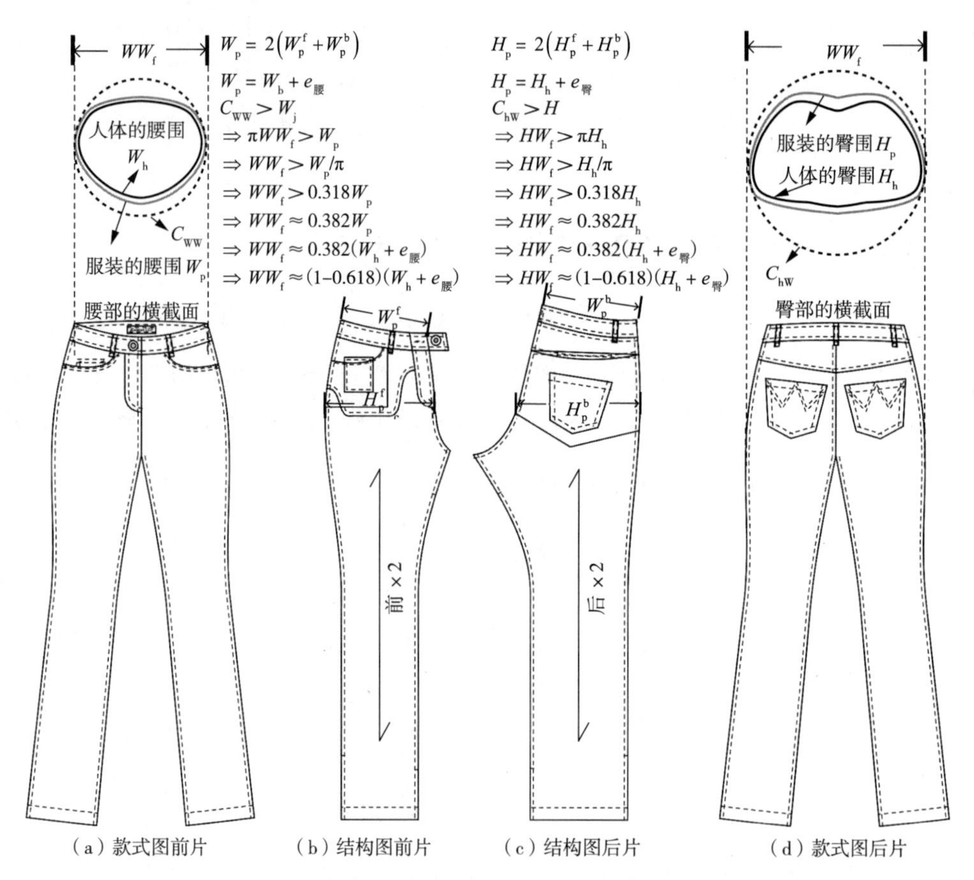

（a）款式图前片　（b）结构图前片　（c）结构图后片　（d）款式图后片

图3-5　牛仔裤款式图、结构图以及人体三者之间在围度方向上的关系

注　W_p表示服装的腰围；W_p^f表示服装结构图前片的腰围；WW_f表示款式图腰宽；C_{WW}表示指半径为WW_f的圆的周长；W_h表示人体的腰围；W_p^b表示服装结构图前片的腰围；HW_f表示款式图臀宽；C_{hW}表示指半径为HW_f的圆的周长；H_p表示服装的臀围；H_p^f表示服装结构图前片的臀围；$e_{腰}$表示腰部的放松量；0.618表示黄金比例；H_h表示人体的臀围；H_p^b表示服装结构图后片的臀围；$e_{臀}$表示臀部的放松量；π表示圆周率，约等于3.14。

最终，在围度方向上所有与牛仔裤结构设计相关的尺寸，如不同款式牛仔裤的膝围、脚口围和口袋宽等都可以依据式（3–16）~式（3–19）进行设计；在围度方向上，所有与牛仔裤款式设计相关的尺寸，如不同款式牛仔裤的膝围宽、脚口宽、口袋宽等都可以依据式（3–20）~式（3–23）进行设计。

3.3.5　牛仔裤款式设计

研究表明，一个图形的形状和大小取决于两种类型的约束参数：尺寸约束参数和图形学约束参数[175]。章节3.3.1、3.3.2和3.3.3中确立了尺寸约束参数（身高、腰围和臀围）与牛仔裤款式图和结构图尺寸之间的关系。对20位牛仔裤设计师的问卷调查结果表明，牛仔裤的廓型通常分为铅笔裤、直筒裤、喇叭裤和阔腿裤；牛仔裤的腰高通常分为高腰、中腰和低腰；牛仔裤的裤长通常分为长裤、九分裤、七分裤、五分裤、三分裤以及一分裤（图3–6）。本节将构建牛仔裤的图形学参数（腰高、裤长和廓型）与牛仔裤款式之间的数学关系模型。

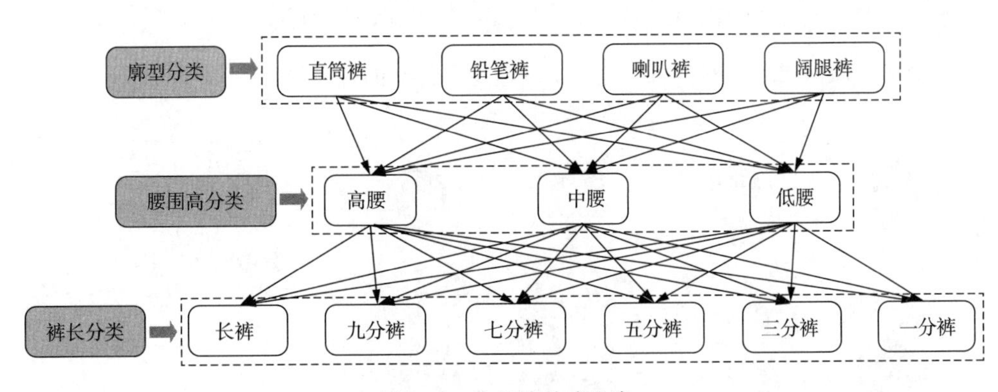

图3–6　牛仔裤款式分类

3.3.5.1　牛仔裤廓型设计

图3–6中的牛仔裤分类结果表明，牛仔裤的廓型通常分为四种类型：铅笔裤、直筒裤、喇叭裤和阔腿裤。如图3–7所示，在下装的设计中，腰围线与裆深线之间的区域称为合体区，裆深线以下的区域称为设计区[161]。合体区对牛仔裤的合体性具有重要影响；设计区对牛仔裤的款式造型具有重要影响。因此，牛仔裤的款式造型主要取决于裆深线以下的设计区。从图3–7中进一步观察可知，牛仔裤廓型之间的差异主要取决于中裆宽和脚口宽的尺寸，其中铅笔裤、直筒裤和喇叭裤三者之间的主要区别在于脚口宽尺寸。基于上述分析，牛仔裤廓型定义见式（3–24）：

$$
\text{廓型} = \begin{cases} \text{铅笔裤，} \mathrm{LOW_j} = KW_\mathrm{j} - \alpha \\ \text{直筒裤，} \mathrm{LOW_j} = KW_\mathrm{j} \\ \text{喇叭裤，} \mathrm{LOW_j} = KW_\mathrm{j} + \beta \\ \text{阔腿裤，} \mathrm{LOW_j} = \dfrac{HW_\mathrm{j}}{2} + \gamma \\ \qquad KW_\mathrm{j} = \dfrac{2\mathrm{LOW_j} \times (LL_\mathrm{h} - KH_\mathrm{h}) + HW_\mathrm{j} \times LL_\mathrm{h}}{2(2LL_\mathrm{h} - KH_\mathrm{h})} \end{cases} \tag{3-24}
$$

其中，$\mathrm{LOW_j}$表示牛仔裤的脚口宽；KW_j表示牛仔裤的中裆宽；HW_j表示牛仔裤的臀围宽；KH_j表示人体的膝围高；KW_h表示人体的腿长；α、β和γ分别表示三个正的常数，其值取决于设计需求。注意，阔腿牛仔裤的廓型设计与其他三款牛仔裤略有不同，铅笔裤、直筒裤和喇叭裤的脚口宽尺寸取决于中裆宽尺寸，而阔腿裤的中裆宽尺寸取决于它的脚口宽尺寸。假定阔腿裤位于设计区的部位是一个梯形，该梯形的上边长是牛仔裤臀围宽的一半（$HW_\mathrm{j}/2$），该梯形的下边长是牛仔裤脚口宽（$HW_\mathrm{j}/2 + \gamma$），阔腿牛仔裤的膝围宽可以依据梯形面积公式推导得出，见图3–7中的推导。

最终，依据式（3–24）可以进行不同造型牛仔裤的廓型设计。

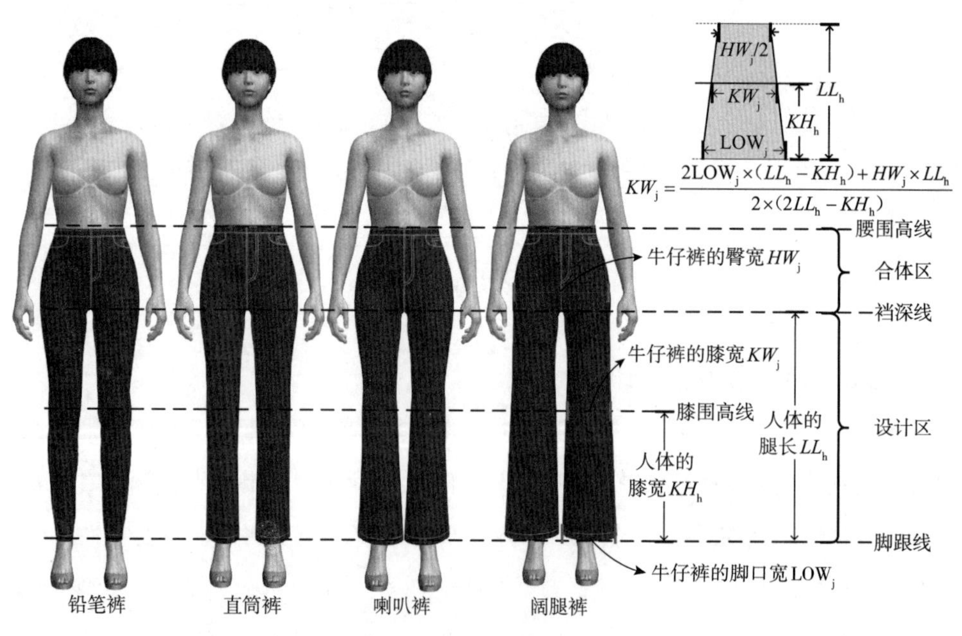

图3–7 牛仔裤廓型设计

3.3.5.2　牛仔裤腰高设计

图3-6的牛仔裤分类结果表明，牛仔裤的腰高通常分为三种类型：高腰、中腰和低腰。如图3-8所示，高腰牛仔裤的腰围线对应人体的腰围线；低腰牛仔裤的腰围线对应人体的腹围线；中腰牛仔裤的腰围线大体则位于高腰牛仔裤的腰围线和低腰牛仔裤的腰围线的中间部位。依据上述分析，本书中不同款式牛仔裤腰围高的档差计算见式（3-25）：

$$GD_1 = \mathrm{DWA_h} / 2 \tag{3-25}$$

其中，$\mathrm{DWA_h}$表示人体的腰围高与腹围高的差值；GD_1表示自定义的牛仔裤腰围高档差。

通过对图3-8进一步的分析显示，牛仔裤腰围高的值主要取决于人体的裆深以及腰围与臀围高的差值。结合腰围高档差式（3-25），牛仔裤腰高定义见式（3-26）：

$$\text{腰高类型} = \begin{cases} \text{高腰，} CD_j = CD_h \\ \qquad \mathrm{DWH_j} = \mathrm{DWH_h} \\ \text{中腰，} CD_j = CD_h - GD_1 \\ \qquad \mathrm{DWH_j} = \mathrm{DWH_h} - GD_1 \\ \text{低腰，} CD_j = CD_h - 2GD_1 \\ \qquad \mathrm{DWH_j} = \mathrm{DWH_h} - 2GD_1 \end{cases} \tag{3-26}$$

其中，GD_1表示自定义的牛仔裤腰围高档差；CD_j表示牛仔裤裆深；$\mathrm{DWH_j}$表示牛仔裤腰围高与臀围高的差值；CD_h表示人体的裆深；$\mathrm{DWH_h}$表示人体的腰围高与臀围高的差值。

最终，依据式（3-26）可以进行不同造型牛仔裤的腰围高设计。

3.3.5.3　牛仔裤裤长设计

图3-6的牛仔裤分类结果表明，牛仔裤的裤长可以分成六个档次：一分裤、三分裤、五分裤、七分裤、九分裤以及长裤。如图3-9所示，一分裤的裤长线位于裆深线以下$d$cm处（d的值取决于设计要求）；五分裤的裤长线与人体的膝围高线齐平；长款牛仔裤的裤长线与人体的脚跟线齐平；三分裤的裤长线位于一分裤的裤长线和五分裤的裤长线中间位置；七分裤和九分裤的裤长线分别位于五分裤的裤长线和长裤的裤长线之间的上三分之一位置和下三分之一位置。依据上述分析，牛仔裤的裤长档差表述见式（3-27）和式（3-28）：

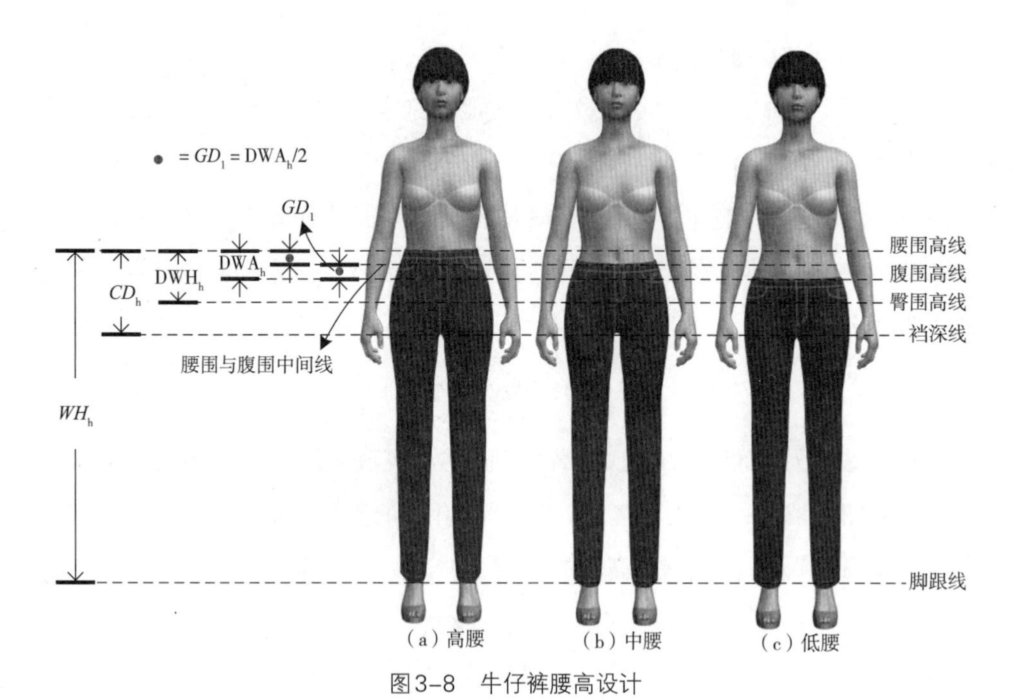

图3-8　牛仔裤腰高设计

注　DWH_h 表示人体腰围与臀围高之间的差值；GD_1 表示自定义的牛仔裤腰围高档差。
WH_h 表示人体腰高；DWA_h 表示人体腰围与腹围高之间的差值；CD_h 表示人体裆深。

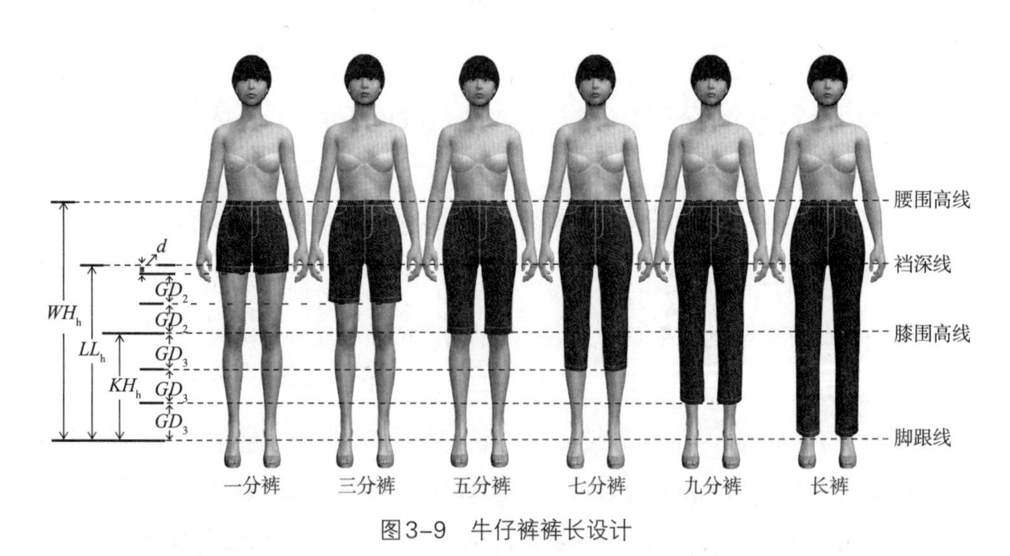

图3-9　牛仔裤裤长设计

注　WH_h 表示人体的腰围高；LL_h 表示人体的腿长；KH_h 表示人体的膝围高；GD_2 和 GD_3 表示自定义的裤长档差。

$$GD_2 = KH_h / 3 \tag{3-27}$$

$$GD_3 = (LL_h - d - KH_h) / 2 \tag{3-28}$$

其中，GD_2表示自定义的长裤、九分裤、七分裤、五分裤之间的裤长档差；GD_2表示自定义的一分裤、三分裤、五分裤之间的裤长档差；KH_h表示人体的膝围高；LL_h表示人体的腿长；d表示一个常数，其值取决于设计需求。

通过对图3-9进一步分析表明，不同款式牛仔裤的裤长取决于人体腰围高、腰围高与腹围高之间的落差、膝围高等。结合牛仔裤自定义的腰围高档差公式［式（3-25）］以及裤长档差公式［式（3-27）、式（3-28）］，牛仔裤的裤长定义见式（3-29）：

$$裤长=\begin{cases}长裤\begin{cases}JL = WH_h（高腰）\\ JL = WH_h - GD_1（中腰）\\ JL = WH_h - 2GD_1（低腰）\end{cases}\\ 九分裤\begin{cases}JL = WH_h - GD_2（高腰）\\ JL = WH_h - GD_2 - GD_1（中腰）\\ JL = WH_h - GD_2 - 2GD_1（低腰）\end{cases}\\ 七分裤\begin{cases}JL = WH_h - 2GD_2（高腰）\\ JL = WH_h - 2GD_2 - GD_1（中腰）\\ JL = WH_h - 2GD_2 - 2GD_1（低腰）\end{cases}\\ 五分裤\begin{cases}JL = WH_h - 3GD_2（高腰）\\ JL = WH_h - 3GD_2 - GD_1（中腰）\\ JL = WH_h - 3GD_2 - 2GD_1（低腰）\end{cases}\\ 三分裤\begin{cases}JL = WH_h - 3GD_2 - GD_3（高腰）\\ JL = WH_h - 3GD_2 - GD_3 - GD_1（中腰）\\ JL = WH_h - 3GD_2 - GD_3 - 2GD_1（低腰）\end{cases}\\ 一分裤\begin{cases}JL = WH_h - 3GD_2 - 2GD_3（高腰）\\ JL = WH_h - 3GD_2 - 2GD_3 - GD_1（中腰）\\ JL = WH_h - 3GD_2 - 2GD_3 - 2GD_1（低腰）\end{cases}\end{cases} \tag{3-29}$$

其中，JL表示牛仔裤裤长；WH_h表示人体的腰围高；GD_1表示自定义的牛仔裤腰围高档差；GD_2表示自定义的长裤、九分裤、七分裤、五分裤之间的裤长档差；GD_3表示自定义的一分裤、三分裤、五分裤之间的裤长档差。

最终，依据式（3-29）可以进行不同造型牛仔裤的裤长设计。

3.3.6 牛仔裤款式与结构关联设计系统

依据本章所提出的牛仔裤款式与结构关联设计技术的原理，本书使用Visual Basic语言开发了一款牛仔裤款式与结构关联设计系统ADSJFP2016（部分代码见附录3）。在该系统中牛仔裤的尺寸设计主要基于式（3-12）~式（3-23）；牛仔裤的款式设计主要基于式（3-24）~式（3-29）。

如图3-10所示，ADSJFP2016有六个输入参数：裤长、廓型、腰高、人体身高、腰围和臀围，该系统的输出项是牛仔裤款式图和其对应的结构图。在ADSJFP2016的辅助下，当输入人体尺寸并选择相应的款式参数后，牛仔裤款式图和其结构图可在数秒内自动生成。图3-11展示了由ADSJFP2016生成的一系列牛仔裤款式图及其对应的结构图，从中可以看出即使选择相同的服装款式，如果输入的人体尺寸不相同，该系统生成的牛仔裤款式图和其结构图也会不同。本章所提出的服装款式与服装结构关联设计技术将人体尺寸整合到服装款式设计和结构设计中，以辅助设计人员依据不同款式和人体尺寸生成某一单类服装的个性化款式图和其结构图。

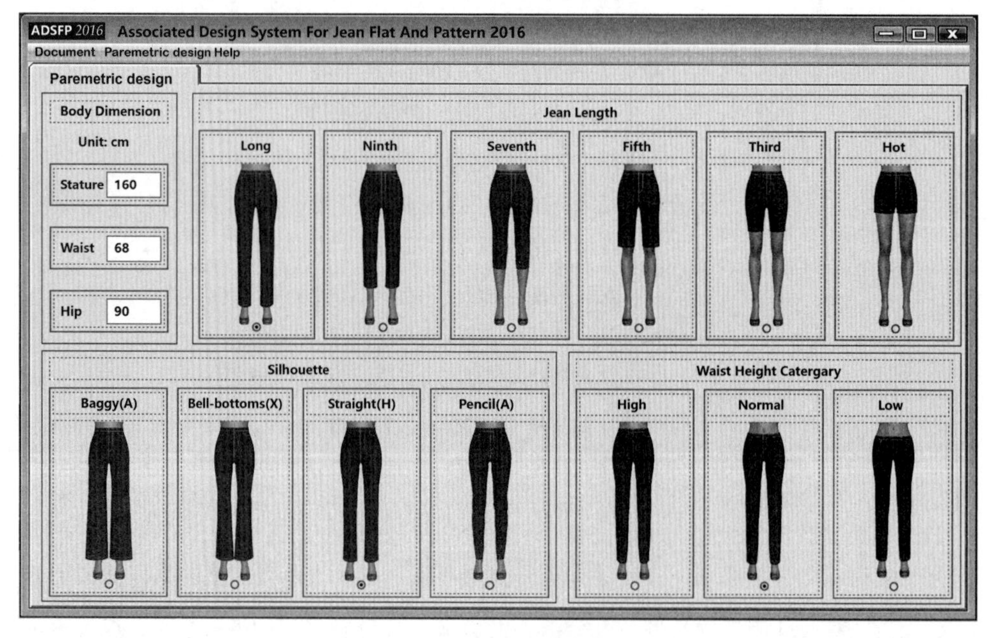

图3-10 牛仔裤裤长设计

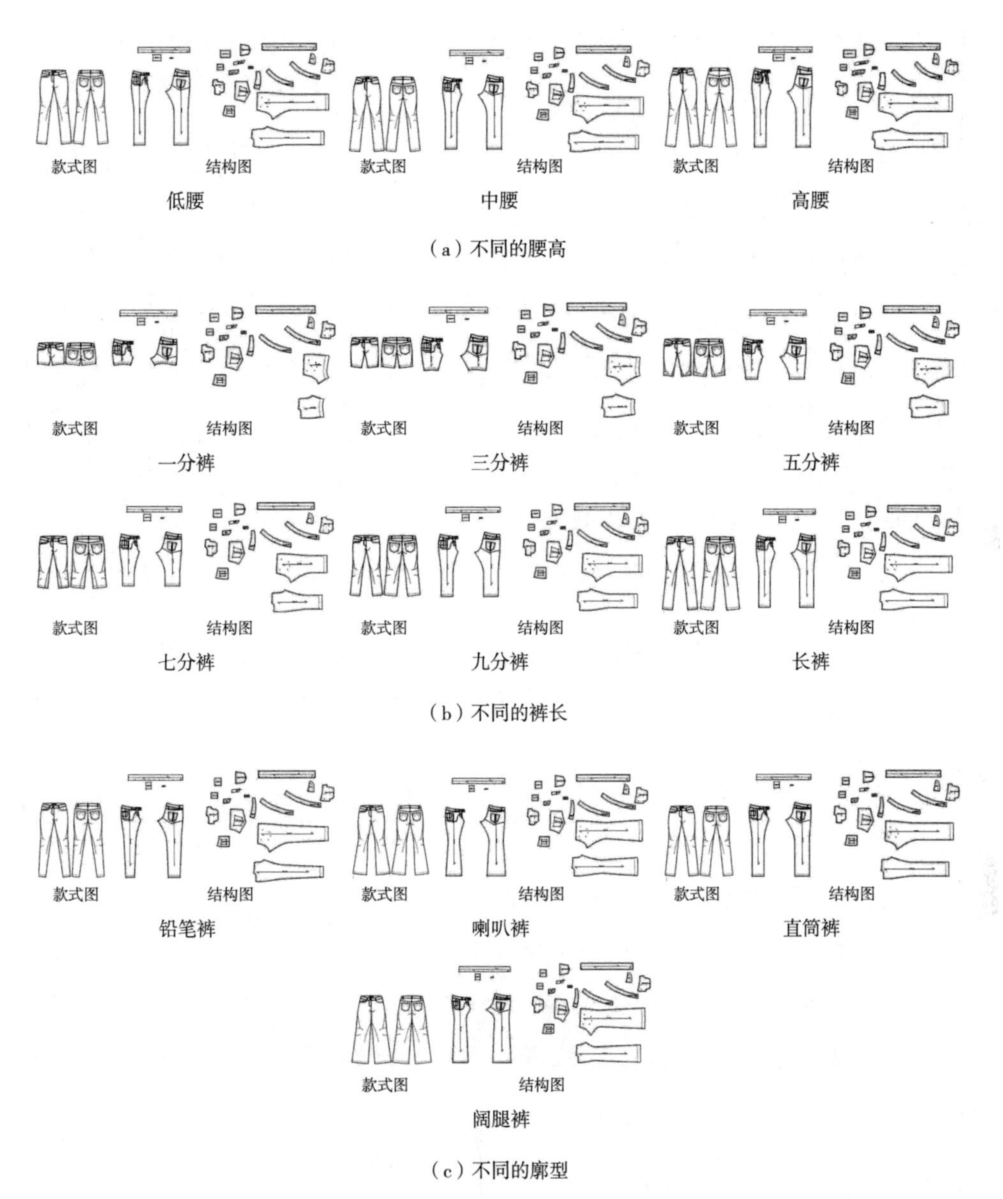

（a）不同的腰高

（b）不同的裤长

（c）不同的廓型

图3-11　ADSJFP2016自动生成的不同款式牛仔裤款式图和结构图实例

3.3.7　牛仔裤款式与结构关联设计的可行性验证

本章所提出的服装款式与服装结构关联设计技术的主要目的，是辅助服装产品开发人员快速地设计服装款式图和其结构图。3.3.6中基于服装款式与服装结构关联设计技术的原理开发了一款牛仔裤款式与纸样的自动生成系统ADSJFP2016。本小节的目的是验证该系统是否能满足牛仔裤开发人员的需求。为此，本节设计了两个实验：实验Ⅰ评估ADSJFP2016生成的牛仔裤款式图是否与牛仔裤开发人员的期望一致；实验Ⅱ评估ADSJFP2016生成的牛仔裤款式图与其结构图两者之间是否吻合。

在实验Ⅰ中，20位牛仔裤设计人员分别使用ADSJFP2016自动生成一款所期望的牛仔裤款式图，然后通过打分的形式评估生成的牛仔裤款式图是否符合设计预期。表3-7中设计师满意度调查结果显示：50%的设计师认为该系统生成的牛仔裤款式图无需修改就能够满足设计要求；40%的设计师认为该系统生成的款式图通过少量修改后能够满足设计要求；只有10%的设计师认为该系统生成的款式图无论怎么修改都无法满足设计要求。综上所述，ADSJFP2016生成的牛仔裤款式图能够满足90%设计人员的使用要求，即款式图可以清晰地反映设计师的设计意图。

表3-7　设计师使用ADSJFP 2016满意度调查

总人数	满意人数/人	修改后满意人数/人	不满意人数/人
20	10	8	2
100%	50%	40%	10%

在实验Ⅱ中，3位制板师使用ADSJFP2016生成三款牛仔裤款式图和其对应的结构图，接着依据生成的纸样制作三条牛仔裤，然后对比真实牛仔裤与先前生成的牛仔裤款式图是否一致（图3-12）。三位制板师的评估结果表明ADSJFP2016生成的牛仔裤款式图和其结构图两者之间能较好地匹配，即ADSJFP2016能够较好地辅助制板师进行纸样开发。

在使用ADSJFP2016过程中，即使生成的牛仔裤款式图和纸样不能完全满足设计师或客户需求，在此基础上的调整也相当容易。例如，设计师除了对所生成的款式图的口袋形状不满意外，其他都比较满意，那么，该设计师只需要重新设计口袋即可，其他部位则无需改动。使用该方法的效率依旧明显高于重新手工设计一套全新的款式图和结构图。

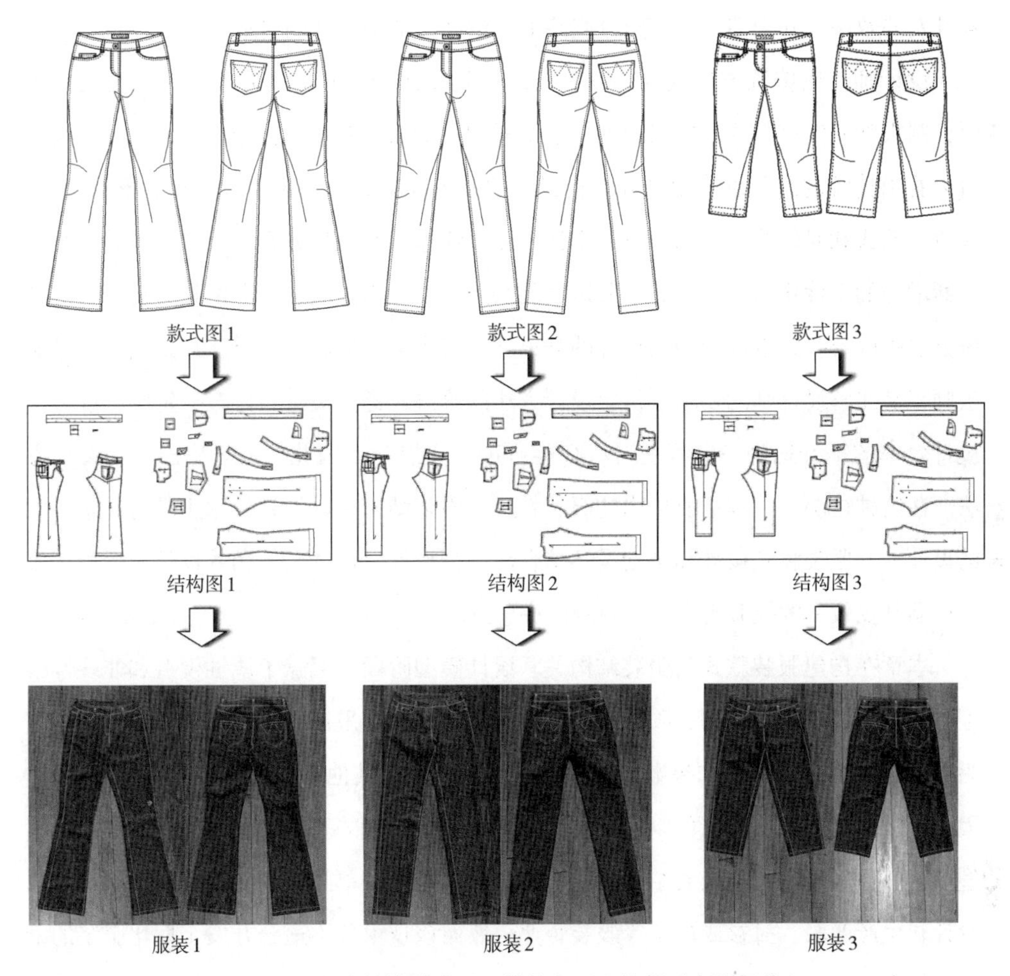

图3-12　牛仔裤款式图、结构图以及其所对应的服装

3.4 讨论

Kim 和 Lee 指出工业设计与工程设计之间的协同产品设计对消费品公司的产品开发尤为重要[176]，艺术设计和工程设计也是同样的道理。由于服装款式设计和服装结构设计通常属于不同的设计范畴，这就导致目前服装款式设计与结构设计的表现手法是完全不同的。大多数学者通常分开研究服装款式设计和结构设计，比如参数化服装纸样开发[175]、服装款式快速生成系统[28, 33, 35, 177]等只涉及如何提升服装款式设计或纸

样开发的效率，并未涉及如何整合服装款式设计与结构设计的研究。

设计师使用传统方法设计一款复杂的服装款式图通常需要几十分钟甚至几个小时；制板师开发该款式图所对应的服装纸样则可能需要几小时甚至几天的时间，由此可以看出传统的服装款式设计和结构设计的效率并不高。服装的流行趋势受到季节、颜色、款式和时代等因素的影响，设计师需要快速、高效地开发服装产品以满足客户不断增加的个性化需求，因此，服装产品快速开发能力是服装企业的核心竞争力。传统方法中服装款式设计和结构设计的分离导致两个突出问题：一是工作量大；二是制板师容易曲解设计师的要求。传统设计方法的改进对提升设计效率有一定的限度，当设计效率的提升达到一定程度时，很难再进一步提升，因此，需要提出新的设计方法。在这种情况下，本章所提出的服装款式与服装结构关联设计技术正是将原本不同的设计——服装款式设计和结构设计整合成一种设计。这种较新颖的设计理念可为服装产品开发效率的提升提供一种新的解决思路。

本章在构建服装款式与服装结构关联设计模型阶段，涵盖了线性模型和非线性模型。在牛仔裤款式与结构关联设计的应用实例中，本书采用了线性模型，这主要是因为人体测量数据较少，如果数据量较大，则可以采用其他非线性模型，如神经网络。因此，进一步的应用研究可以在采集更多人体测量数据的基础上，选择其他非线性模型。此外，服装款式与服装结构关联设计技术只能针对单品类的服装公司使用，如只设计和生产西服、衬衫或裤子等服装企业，然而该技术并不适合开发个性化服装的纸样。依据客户个性化需求的服装纸样开发方法，将在第4章中阐述；如何评估所生成纸样的合体性，将在第5章中讨论。

3.5 小结

本章通过分析服装款式图、结构图以及人体三者之间的关系，提出了服装款式与服装结构关联设计技术，创造性地赋予款式图以人体尺寸，使得服装款式设计与服装结构设计基于共同的人体尺寸相整合，实现了服装款式图和其结构图同时且自动生成的目的。与传统的服装设计方法相比，本章所提出的服装款式与服装结构关联设计技术具有以下三个主要优点。

（1）服装款式与结构关联设计技术整合了服装款式设计和服装结构设计，使设计效率得到显著的提升。

（2）服装款式与结构关联设计技术解决了服装款式图与服装结构图之间匹配难的问题，避免了设计师与制板师之间的反复沟通，设计师的理念可以更快、更容易地实现。

（3）服装款式与结构关联设计技术赋予服装款式图以人体尺寸，在这种情况下，服装款式设计和结构设计都可以由计算机自动执行，显著地提高了服装产品的开发效率。

此外，服装款式设计通常属于艺术设计范畴，而服装结构设计通常属于工程设计范畴。服装款式与服装结构关联设计表明艺术设计和工程设计之间存在着密切关系。本章在服装领域较成功地整合了服装艺术设计和工程设计，这种新颖的设计方法也可以应用于其他设计领域，为设计师提供新的设计思路。

第4章

3D交互式服装纸样开发技术

» » 第3章中所提出的服装款式与服装结构关联设计技术主要是针对某一特定款式的服装，自动地生成其款式图和结构图。然而，该技术并不适用于个性化服装纸样的开发。随着社会经济的发展以及客户个性化需求的增加，针对不同消费者需求的个性化服装纸样开发尤为重要。传统纸样开发主要依据制板师的经验知识[36]，这些经验知识需要长久的积累[62]。若要开发出合体性较好的服装纸样，制板师需要反复试样和修改样板。如何在制板师并不具备丰富经验知识且无需反复试样的前提下，有效地开发合体性较好的个性化服装纸样是本章研究的焦点问题。

4.1 3D交互式服装纸样开发技术实现的基本方案

本章所提出的3D交互式服装纸样开发的流程如图4-1所示，该流程主要包含五个部分：3D人体建模、3D服装建模、3D服装结构线设计、3D曲面展开研究和纸样后处理。

3D人体建模：应用参数化人体建模技术构建包含一定服装放松量的人体模型。

3D服装建模：使用正面和背面服装款式图轮廓纸样，在所构建的包含放松量的人体模型上构建无放松量的服装模型。

3D结构线设计：依据服装款式图，在服装模型表面设计服装结构线，这些结构线将模型表面分割成不同的服装曲面。

3D曲面展开：展开服装曲面，获取初始服装纸样。

纸样后处理方法：对初始服装纸样进行一系列的后处理，如针对面料缩水性的纸样处理、修整纸样边缘、加放缝份和推板等。

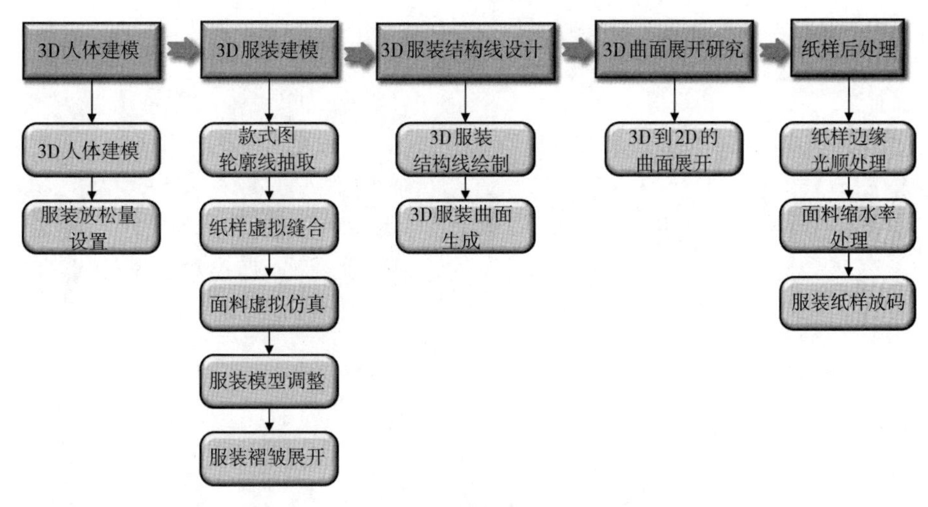

图4-1　3D交互式服装纸样开发的流程图

4.2　3D交互式服装纸样开发技术的基本原理

4.2.1　3D人体建模及服装放松量设置

服装设计领域的3D人体建模主要有两种方法：基于人体点云数据的逆向建模[178]和参数化人体建模[179-181]。以上两种建模方法都较为成熟。3D交互式服装纸样开发技术根据实际需求选择参数化人体建模方法构建3D人体模型。参数化人体建模是通过人体主要特征尺寸控制其他非特征尺寸，由特征和非特征尺寸共同驱动模型构建，实现模型与真实人体的主要特征尺寸相等，以及非特征尺寸近似相等的一门技术。参数化人体建模的主要优点是建模简单、速度快。服装设计中所涉及的人体基本尺寸主要包含腰围、胸围、臂长、臀围、肩宽、领围和身高等，这些基本尺寸在参数化人体建模中被称为特征尺寸。参数化人体建模之所以能够较好地应用于服装设计领域，是因为其特征尺寸可以与服装设计中的基本尺寸相符。服装尺寸由人体基本尺寸决定，在人体尺寸模型上设计服装等同于在真实人体上设计服装。如图4-2所示，通过调整参数化人体模型的腰围和身高参数，可以生成不同尺寸的人体模型，调整后的人体模型可以应用于不同体型的服装设计。

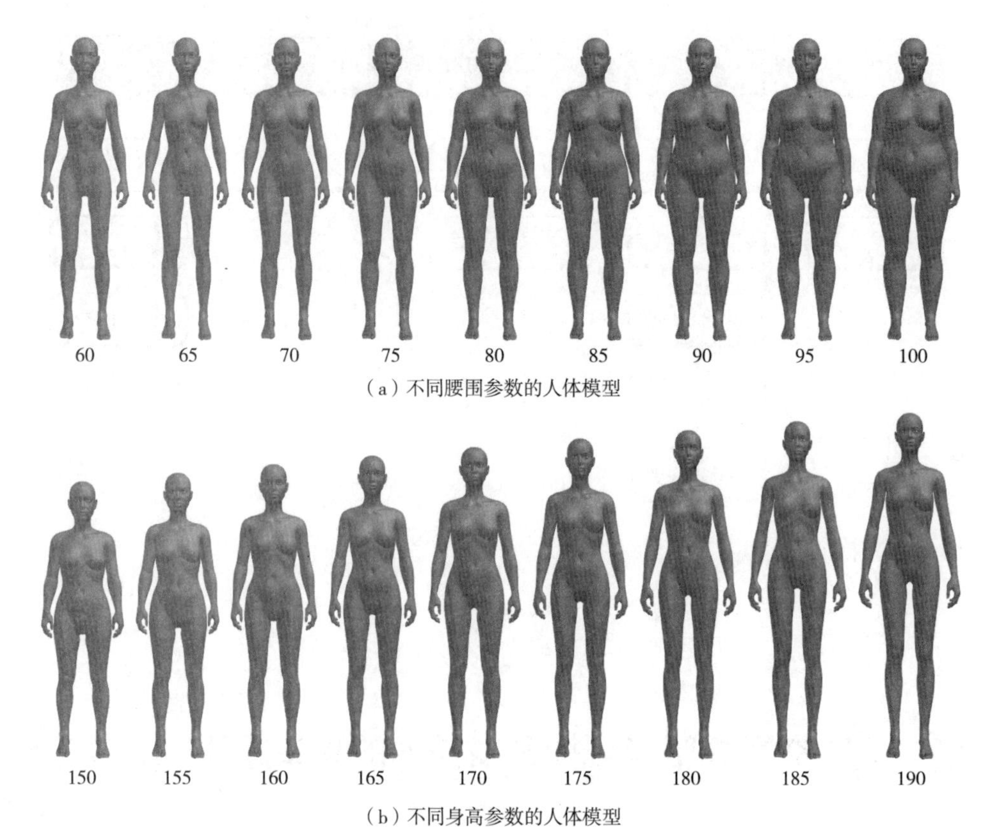

（a）不同腰围参数的人体模型

（b）不同身高参数的人体模型

图4-2　参数化人体模型（单位：cm）

服装放松量设计是平面纸样设计和3D纸样设计的基础[182]。服装放松量可以分为基本放松量和造型需求放松量。基本放松量是指在维持人体自由运动且没有明显不舒适感的情况下的最低放松量，该种类型的放松量在服装纸样开发过程中需要精确的设定；造型放松量是指为达到某种服装款式造型所需要的放松量，该种类型放松量在纸样开发中无需精确设定，随款式和造型的变化而变化[183]。

现有的3D服装纸样开发方法主要针对紧身服装，较少涉及带放松量的服装[69-73]，这主要是因为目前面料仿真技术还不完善[52-53]。在虚拟三维空间中，人体与服装之间的复杂交互作用导致设计人员较难精确地控制和设置服装放松量。本章提出一种新的且简洁的方法解决目前3D服装设计中基本放松量的设置问题。该方法的灵感来源于传统立体裁剪的放松量设置方法。在传统的立体裁剪中，设计师通常在需要增加放松量的区域填充棉花、泡沫等，使填充物的厚度达到设计所需的放松量。基于同样的原理，直接将放松量添加到3D人体模型上，即通过调整参数化3D人体模型的尺寸，使模型在围度方向上的尺寸等于真实人体相应部位的尺寸加上设计所需的放松量，而在高度方向上与真实人体尺寸相等。

如图4-3所示，假设体型A表示某一客户的体型，体型B表示可任意调整尺寸的3D参数化人体模型。在3D交互式纸样开发中，3D人体模型与客户人体尺寸之间的关系表述见式（4-1）和式（4-2）：

$$d_i^{\mathrm{wm}} = d_i^{\mathrm{wc}} + e_i;\ \ i = 1, 2, \cdots, a \tag{4-1}$$

$$d_j^{\mathrm{hm}} = d_j^{\mathrm{hc}};\ \ j = 1, 2, \cdots, b \tag{4-2}$$

其中，d_i^{wm}和d_i^{wc}分别表示在围度方向上3D人体模型和客户的部位i的尺寸；d_j^{hm}和d_j^{hc}分别表示在高度方向上3D人体模型和客户的部位j的尺寸；e_i表示某款服装在人体部位i的基本放松量，该值与服装款式以及客户要求有关；a和b分别表示在高度方向上和围度方向上所有与纸样开发相关的人体部位数量，该值与服装款式有关。

依据式（4-1）和式（4-2）的服装放松量设置规则，调整参数化3D人体模型的尺寸，使调整后的人体模型尺寸在高度方向上等于真实人体尺寸，在围度方向上等于真实人体尺寸加上放松量。最终，在调整后的3D人体模型上设计紧身服装，该紧身服装虽然相对于人体模型的放松量为零，但是相对于真实人体则具有精确的放松量e_i。

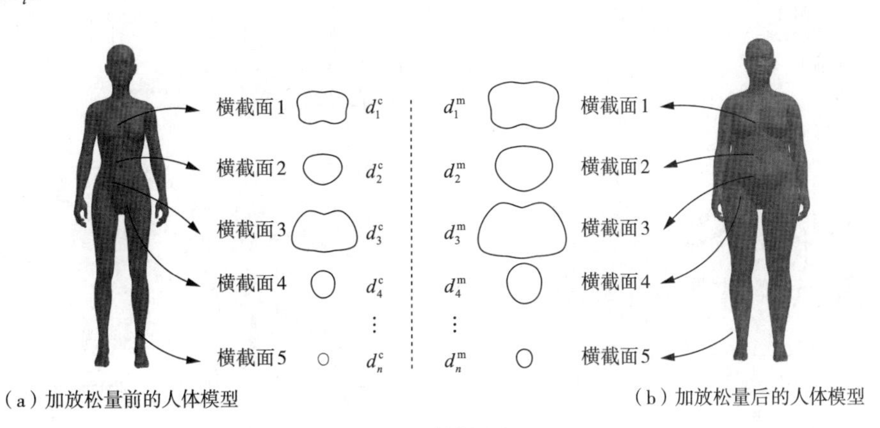

（a）加放松量前的人体模型　　（b）加放松量后的人体模型

图4-3　放松量设置

4.2.2 3D服装建模

目前，存在较多3D服装建模方法，如基于相机或扫描仪的3D服装建模[184-185]、基于纸样的3D服装建模[186-188]、基于草图的3D服装建模[24, 26, 55, 65-66, 68-70, 72-73, 77, 189-193]、基于图片的3D服装建模[194-195]及基于实例的3D服装建模[122, 196]等，其中建模效率较高的方法是基于纸样和草图的3D服装建模。图4-4展示了基于纸样的3D服装建模的一般流程，该方法模拟样片的缝合，进而构建逼真的3D服装模型。图4-5展示了基于草图的3D服装建模的一般流程。操作者首先在某个角色上绘制服装轮廓线，然后按照一定的算法将轮廓线围成3D服装曲面（即模型）。3D交互式服装纸样开发技术中服装建模的思想主要来源于基于纸样的3D服装建模[186-188]和基于草图的3D服装建模[24, 26, 55, 65-66, 68-70, 72-73, 77, 189-193]。在此基础上，本书提出了基于款式图的3D服装建模方法。

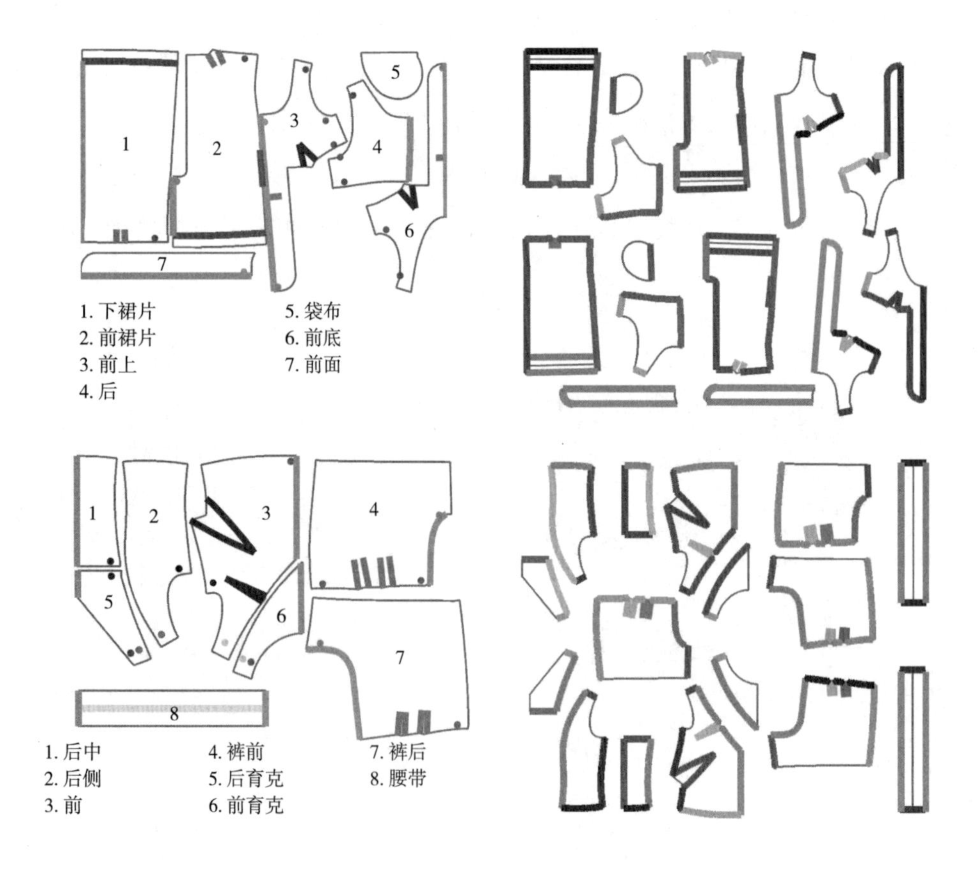

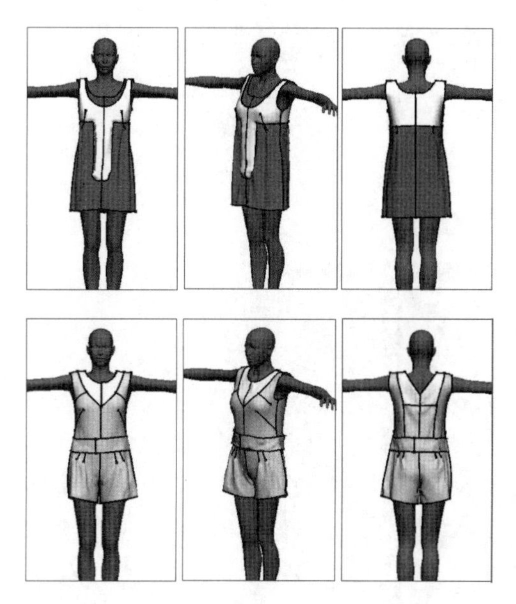

图4-4 基于纸样的3D服装建模[187]

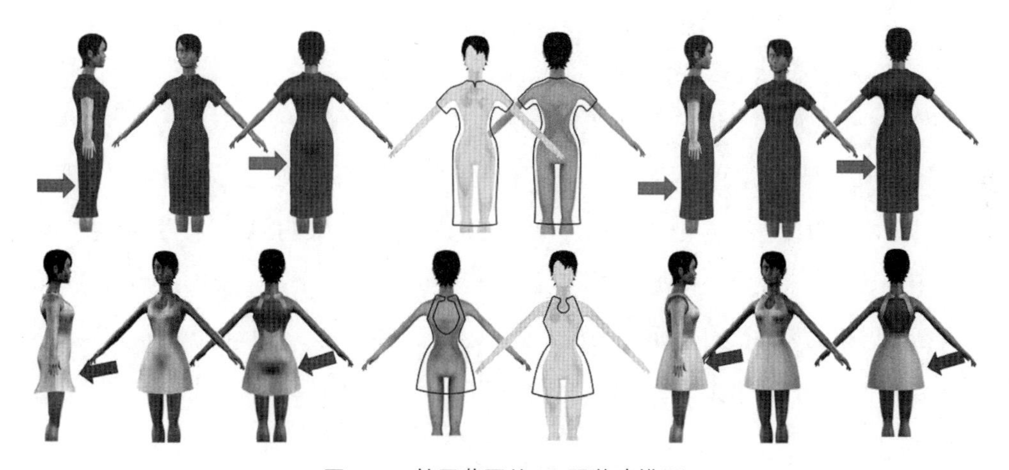

图4-5 基于草图的3D服装建模[24]

基于款式图的3D服装建模方法实现的基础是面料的虚拟仿真。本章采用质点—弹簧模型仿真面料的物理和机械性能[197]。如图4-6所示，质点—弹簧模型将一块面料看作一个$m \times n$个质点组成的网格结构，质点没有大小，但有质量，其所在的位置代表面料上某一点的空间位置。在质点—弹簧模型中，每根弹簧与两个质点相连，每个质点连接两根或两根以上弹簧。弹簧设定为符合胡克定律的理想状态，有三种类型弹簧：结构弹簧、剪切弹簧和弯曲弹簧。结构弹簧连接纵、横向相邻的两个质点，用于固定裁片结构；剪切弹簧连接一个网格对角线上的两个质点，用于约束裁片的弯曲形变；弯曲弹簧连接纵、横向相隔一个质点的两个质点，使裁片在折叠时边缘自然流畅。

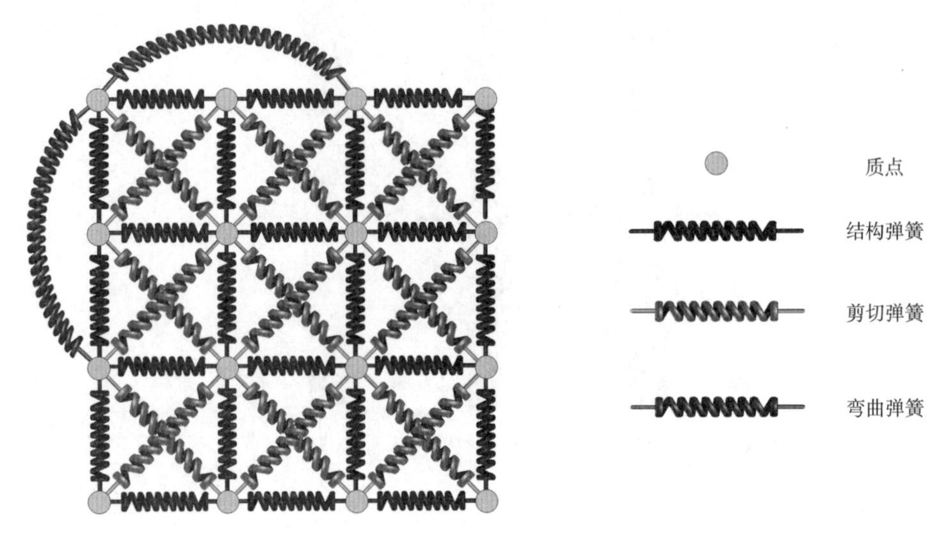

图4-6 质点—弹簧模型

模型中质点的运动状态取决于作用于质点上的内力和外力的总和。其中，内力主要体现为质点间的相互作用力，包括三种弹簧的弹性力，即结构力、剪切力和弯曲力；外力主要包括重力、空气阻尼力、风力、反碰撞力以及其他自定义力等。在三维空间中，某一质点在内力和外力的共同作用下发生位置变化，该质点的运动状态代表着其所在网格的运动状态。所有质点的运动变化综合到一起，就可以仿真整块面料的外观动态变化。依据牛顿第二运动定律，质点—弹簧模型中某一质点的加速度表述见式（4–3）：

$$m\frac{\partial^2 L}{\partial t^2}=F_{内力}(L,t)+F_{外力}(L,t) \tag{4–3}$$

其中，m表示质点的质量，g；L表示质点的位置矢量；$L\in R^3$表示求解目标；$F_{内力}(L,t)$表示质点在时刻t所受到的内力，N；$F_{外力}(L,t)$表示质点在时刻t所受到的外力，N。

4.2.2.1 外力

2D裁片上某一质点所受到的外力$F_{外力}(L,t)$表述见式（4–4）：

$$F_{外力}(L,t)=F_{重力}+F_{反碰撞力}+F_{阻尼力}+F_{自定义力} \tag{4–4}$$

其中，$F_{重力}$表示重力，N；$F_{反碰撞力}$表示反碰撞力，N；$F_{阻尼力}$表示空气阻尼力，N；$F_{自定义力}$表示根据实际需要用户自定义的力，N。

2D裁片上某一质点所受重力$F_{重力}$表述见式（4–5）：

$$F_{重力} = \frac{M}{n} g \tag{4–5}$$

其中，M表示裁片总质量，g；n表示裁片所包含的质点数；g表示重力加速度，m/s²。

2D裁片上某一质点所受空气阻尼力$F_{空气阻尼力}$表述见式（4–6）：

$$F_{空气阻尼力} = -c_{阻尼系数} \frac{\partial L}{\partial t} \tag{4–6}$$

其中，$c_{阻尼系数}$表示空气阻尼系数。

2D裁片上某一质点p和碰撞发生点$p_{碰}$之间的反碰撞力$F_{反碰撞力}$表述见式（4–7）：

$$F_{反碰撞力} = \begin{cases} c_{反碰撞系数} \times \exp\left(\left\|\overline{pp_{碰}}\right\|^{-1}\right) \cdot N_{p_{碰}} & （发生碰撞） \\ 0 & （未发生碰撞） \end{cases} \tag{4–7}$$

其中，$c_{反碰撞系数}$表示反碰撞系数，系数越大，反碰撞力越大；N_{p_0}表示p_0点处单位法向量；$\left\|\overline{pp_0}\right\|$表示质点$p$与碰撞发生点$p_{碰}$沿$N_{p_{碰}}$方向的距离分量。反碰撞力用于约束裁片的运动状态，防止裁片自身以及裁片与人体之间在运动过程中相互穿越。当检测到裁片上某一质点与其他质点或与人体模型发生碰撞时，则对该质点施加一个反碰撞力，将质点拉回到碰撞前的一侧，避免发生穿越现象。

裁片在缝合过程中，需要在各缝合点施加一个作用力，使裁片相互靠拢并缝合。为快速地完成缝合，两质点之间的距离越大，所需要的缝合力越大。本章中，缝合力表述见式（4–8）：

$$F_{缝合力} = -c_{缝合系数} \bar{d} \tag{4–8}$$

其中，$c_{缝合系数}$表示缝合系数；$\bar{d}$表示对应缝合点的距离矢量。

4.2.2.2　内力

质点—弹簧模型中的质点通过结构弹簧、剪切弹簧、弯曲弹簧与相邻的质点相连，每个质点所受内力$F_{内力}(L,t)$表述见式（4–9）：

$$F_{内力}(L,t) = F_{结构力} + F_{剪切力} + F_{弯曲力} \tag{4–9}$$

其中，$F_{结构力}$表示质点所受到的结构力，N；$F_{剪切力}$表示质点所受到的剪切力，N；

$F_{弯曲力}$表示质点所受到的弯曲力，N。

质点—弹簧模型中的内力表现为弹簧的弹性变形力。设R表示质点p_0的相邻质点的总集合。依据胡克定律，质点p_0所受到的弹性变形力见式（4–10）：

$$F_{弹性变形力}=\sum_{i=R}c_{弹性变形系数}\left(\overline{|p_0\,p_i|_t}-\overline{|p_0\,p_i|_0}\right)N_{\overline{p_0p_i}} \tag{4–10}$$

其中，$c_{弹性变形系数}$表示弹簧的弹性变形系数；$\overline{|p_0\,p_i|_t}$表示质点p_0与p_i之间在t时刻的距离，m；$\overline{|p_0\,p_i|_0}$表示质点p与p_i之间的初始距离，m；$N_{\overline{p_0p}}$表示质点p_0指向p_i的单位向量。

依据式（4–3）~式（4–10）对裁片上所有质点所受到的内力和外力进行综合计算，可以实现面料的虚拟仿真。图4–7展示了基于款式图的3D服装建模的基本流程。首先，抽取正面和背面服装款式图的最外层轮廓线，将轮廓线所围成的区域当作服装的前后片纸样［图4–7（a）］；其次，依据式（4–8）设定纸样间的缝合力，在3D人体模型周围虚拟缝合服装轮廓线前后片纸样［图4–7（b）］；最后，依据式（4–4）和式（4–9）仿真面料在内力和外力共同作用下所发生的形态变化，当各种力达到动态平衡时，服装模型趋于稳定［图4–7（c）］。因为服装款式图是用于具体表达设计师的设计思维的一种手段，所以，通过基于款式图的3D服装建模方法所构建的3D服装模型在廓型上能够较好地满足设计师的需求。

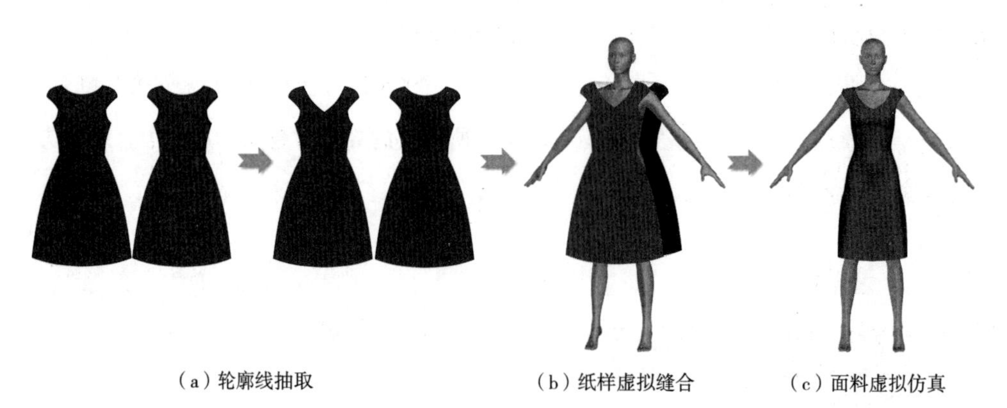

（a）轮廓线抽取　（b）纸样虚拟缝合　（c）面料虚拟仿真

图4–7　基于款式图的3D服装建模

4.2.3　3D服装设计与调整

章节4.2.2提出基于款式图的3D服装建模方法，虽然所构建的模型在廓型上能够基本符合设计要求，然而服装款式图的轮廓线样片并不是真实的服装纸样，所以，该方法所构建的3D服装模型通常在细节上需要适当调整，如领型、袖子和衣长等细节部位在建模过程中往往不能一步到位，需要进一步调整。本节将详细阐述如何通过调整款式图轮廓线纸样实现改变3D服装造型。

在3D交互式服装纸样开发中，服装的调整与人体相应部位的合体区和设计区密切相关。合体区是指人体上某些对服装的合体性具有重要影响的区域；设计区是指人体上某些对服装造型有显著影响的区域。服装放松量在合体区主要与基本放松量有密切关系，在设计区主要与造型放松量有密切关系。如图4–8所示，上装的合体区主要位于颈椎高线和胸高线之间的区域，而上装的设计区主要位于胸高线与衣长线之间的区域［图4–8（a）］；下装的合体区主要位于腰围线和裆深线之间的区域，而下装的设计区主要位于裆深线与脚跟线之间的区域［图4–8（b）］；上下连装的合体区主要位于颈椎高线和胸高线之间的区域，而上下连装的设计区主要位于胸高线和脚跟线之间的区域［图4–8（c）］。

由于章节4.2.1中3D人体模型的尺寸已调整为真实人体尺寸加上基本放松量。故合体区的3D服装模型调整原则是确保服装模型与人体之间紧密贴合，即3D服装模型与3D人体模型之间的放松量为零；设计区的3D服装模型调整原则是确保服装造型与所期望的设计造型一致。依据上述分析，3D服装模型调整原则的数学表述如式（4–11）和式（4–12）所示：

$$\text{If 人体区域} i \in FZ, \text{ then } e_i = 0, i = 1, 2, \cdots, k \tag{4–11}$$

$$\text{If 人体区域} i \in DZ, \text{ then } e_i \geqslant 0, i = 1, 2, \cdots, l \tag{4–12}$$

其中，e_i表示3D服装与3D人体模型之间在部位i的放松量；FZ表示合体区；DZ表示设计区；k表示某款服装位于合体区域内需要设置放松量部位的数量；l表示某款服装位于设计区域内需要设置放松量部位的数量。

式（4–11）和式（4–12）提供了符合3D交互式纸样开发要求的3D服装模型调整规则。在实际操作中，如果直接调整3D服装模型，则操作过于复杂。Luo等人[198]提出一种算法，通过修改平面服装纸样，基于该纸样所构建的3D服装模型也会自动地做出相应改变。章节1.2.3已论述了该方法并且详述了它的优点——简单、直观和高效。图4–9展示了该方法的具体实施细节，通过调整平面纸样的下摆、衣长、领子和

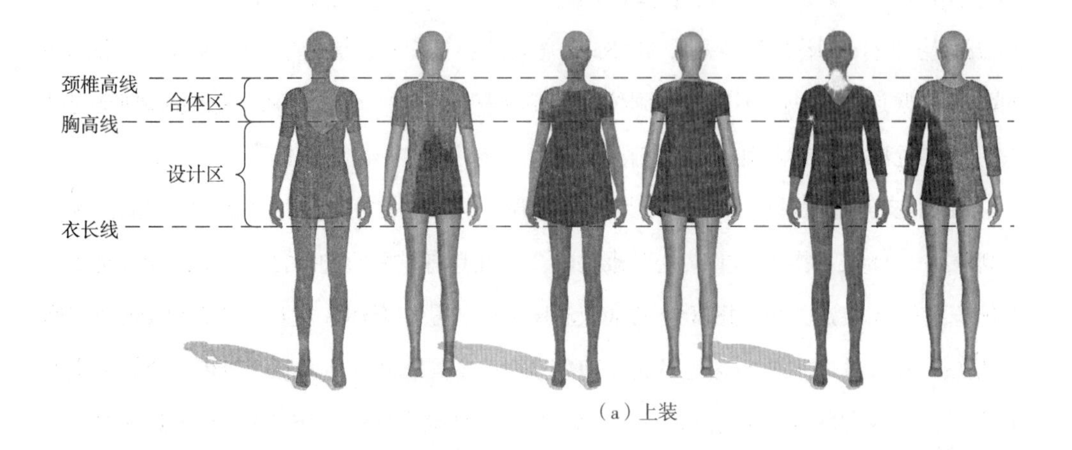

（a）上装

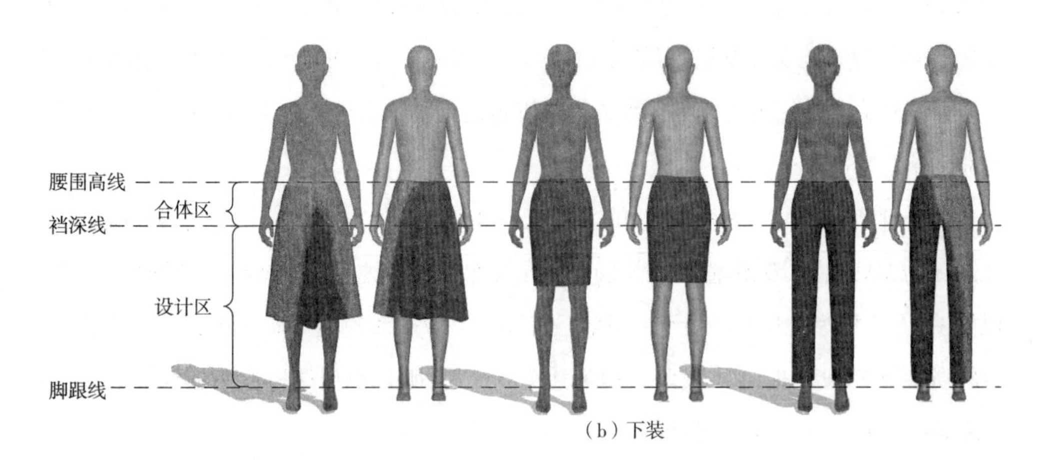

（b）下装

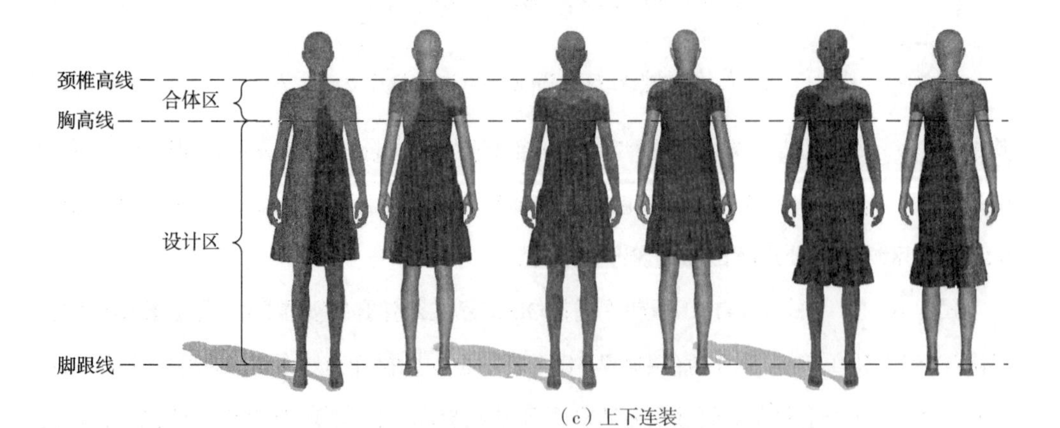

（c）上下连装

图4-8 服装设计中的合体区和设计区

廓型等，3D服装模型也同时做出相应的变换。因服装款式图轮廓线纸样只是用于构建3D服装模型，并不是真正用于生产的服装纸样，故在3D服装模型调整过程中无需关注款式图轮廓线纸样的尺寸和外形等，只需确保3D服装模型满足设计要求即可。当3D服装模型的造型满足设计要求后，款式图轮廓线纸样将被舍弃，不作他用。

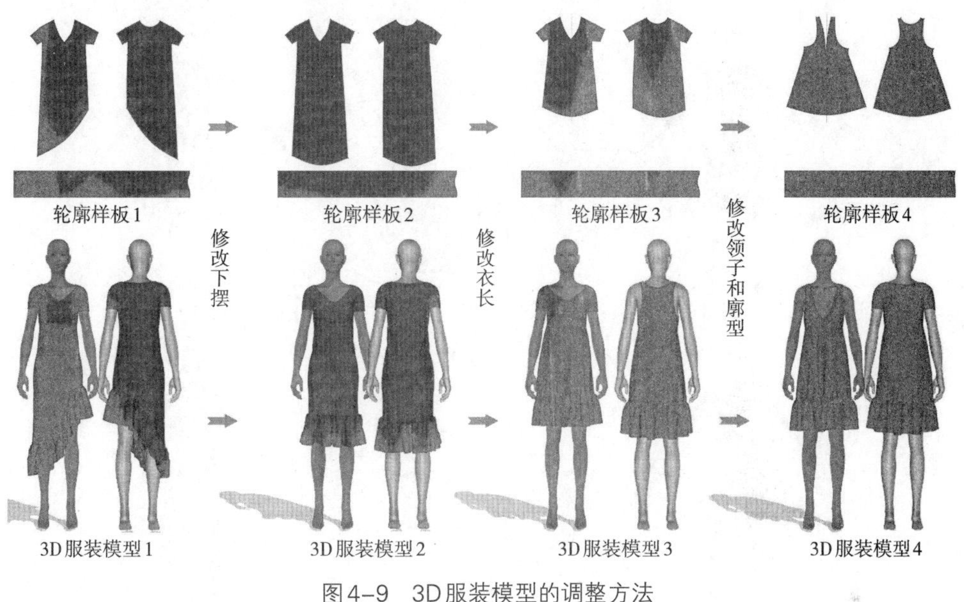

图4-9　3D服装模型的调整方法

4.2.4　3D服装表面褶皱处理

在章节4.2.3中通过调整构成3D服装模型的款式图轮廓线纸样，使模型的造型达到设计所需的要求。本节则阐述如何撑开3D服装模型的表面，消除服装褶皱，使模型表面尽可能光滑和舒展，易于设计服装结构线（图4-10）。3D服装模型表面撑开规则的表述如式（4-13）和式（4-14）所示：

$$l_i^{\mathrm{B}} = l_i^{\mathrm{A}};\ i=1,2,\cdots,a \text{（空间曲面撑开前后三角网格边长不变原则）} \quad (4\text{–}13)$$

$$s_j^{\mathrm{B}} = s_j^{\mathrm{A}};\ j=1,2,\cdots,b \text{（空间曲面撑开前后三角网格面积不变原则）} \quad (4\text{–}14)$$

其中，l_i^{B}和l_i^{A}分别表示撑开前和撑开后构成3D服装表面第i个三角网格的边长；s_j^{B}和s_j^{A}分别表示撑开前和撑开后构成3D服装表面第j个三角网格的面积值；a表示构成3D服装表面的所有三角网格所包含边的数量；b表示构成3D服装表面的所有三角网格的数量。

实现式（4–13）和式（4–14）的服装表面展开规则的方法是移除弹簧—质点模型中施加的外力，并使裁片的内力趋向于无穷大。在这种情况下，撑开3D服装模型的表面使模型表面光滑、舒展，接着进入下一步的操作。

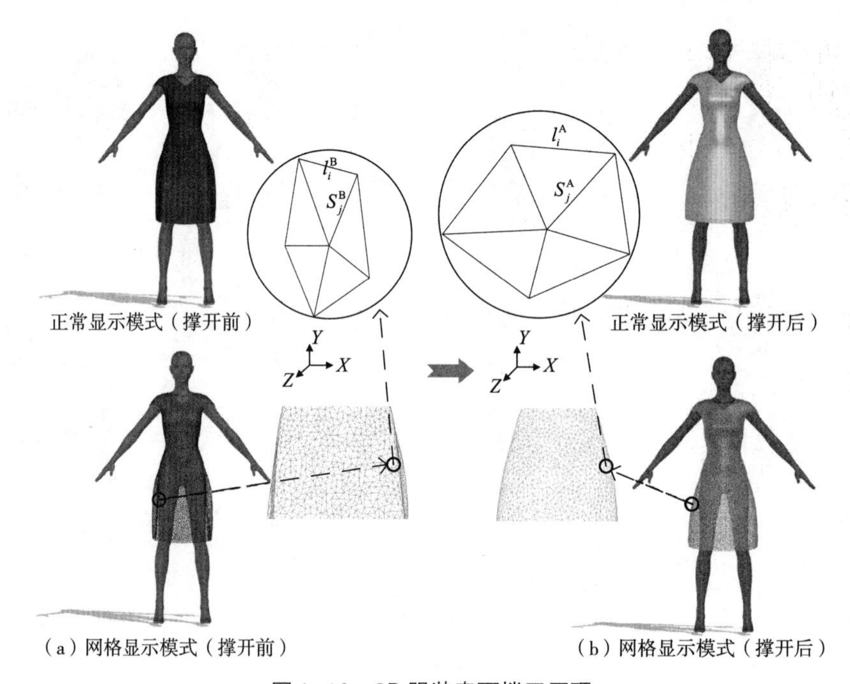

图4–10　3D服装表面撑开原理

4.2.5　3D服装结构线设计

直接在光滑的服装模型表面设计3D服装结构线，按照一定的算法展开由这些结构线所围成的曲面，可以显著降低纸样开发的难度。3D服装结构线本质上是三次B样条曲线，该种类型曲线的数学表达如式（4–15）所示：

$$P(t)=\sum_{i=0}^{n}P_iF_{i,k}(t) \tag{4–15}$$

其中，P_i是控制曲线的特征点；$F_{i,k}(t)=\frac{1}{k!}\sum_{m=0}^{k-i}(-1)^m\begin{pmatrix}m\\k+1\end{pmatrix}(t+k-m-j)^k$，表示$k$阶B样条基函数。

在满足章节4.2.4中所提出的曲面撑开规则式（4–13）和式（4–14）的前提下，

获取一个表面光滑且舒展的3D服装模型，在此基础上依据服装款式图在3D服装模型表面通过添加曲线特征点和调整特征点的位置，实现3D服装结构线设计，进而3D服装结构线将服装表面分割成若干个3D结构面，细分的3D结构面将用于展开获取2D平面纸样（图4-11）。

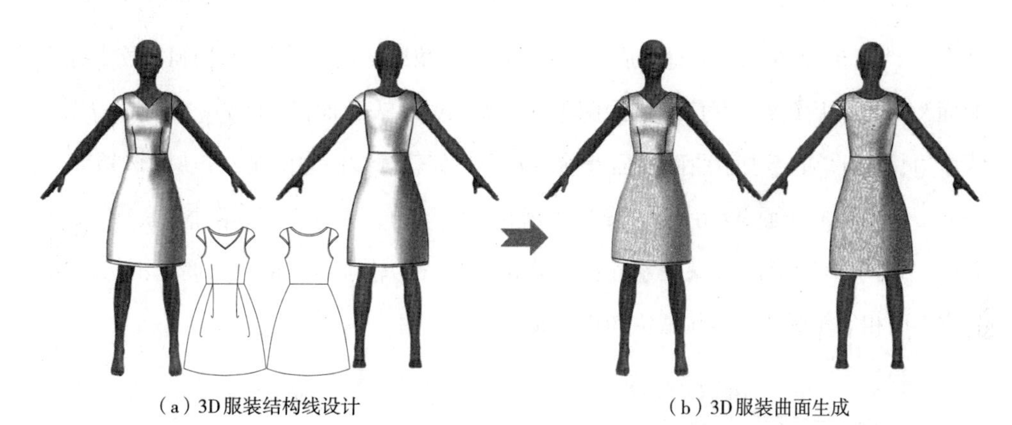

（a）3D服装结构线设计　　（b）3D服装曲面生成

图4-11　3D服装结构线设计和3D服装结构面生成

4.2.6　3D服装表面展开

3D曲面到2D平面的展开方法较多，不同的领域要求不同的展开算法。在服装纸样开发过程中，面料的物理和机械性能对纸样开发有着显著的影响，而目前依旧较难通过计算机对面料的这些特性进行精确仿真。如果在3D曲面展开阶段考虑面料物理和机械性能等因素，那么将极大地增加展开的计算量，并且展开的效果也不甚理想。因此，3D交互式服装纸样开发技术的3D曲面到2D平面展开环节将服装曲面当作刚体处理。此外，服装纸样设计的特殊性要求构成曲面的每条轮廓线以及两相邻轮廓线段之间的夹角在展开前后必须相等。

依据上述分析，假设任意服装模型的表面曲面可以近似地离散为一定数量三角网格的集合体。设三角网络化后的服装模型曲面与其对应的展开平面分别为S_1和S_2，如图4-12所示。S_1和S_2具有相同的组织结构，其组成三角网格的线段数为a、三角网格数为b、轮廓线段数为c，以及相邻两轮廓线段构成的夹角数为d。3D交互式服装纸样开发技术中的3D曲面到2D平面展开规则的数学表述如式（4-16）~式（4-18）所示：

$l_i^{\mathrm{B}} \approx l_i^{\mathrm{A}}$；$i=1, 2, \cdots, a$（曲面展开前后各三角网格边长近似相等原则）　（4-16）

$$s_j^{\mathrm{B}} \approx s_j^{\mathrm{A}};\ j=1,2,\cdots,b \text{（曲面展开前后各三角网格面积近似相等原则）} \tag{4-17}$$

$$ls_m^{\mathrm{B}} = ls_m^{\mathrm{A}};\ m=1,2,\cdots,c \text{（曲面展开前后各轮廓线段边长不变原则）} \tag{4-18}$$

$$a_n^{\mathrm{B}} = a_n^{\mathrm{A}};\ n=1,2,\cdots,d \text{（曲面展开前后相邻两轮廓线段夹角角度不变原则）} \tag{4-19}$$

其中，l_i^{B}和l_i^{A}分别表示曲面S_1展开前后第i个三角网格的边长值；s_j^{B}和s_j^{A}分别表示曲面S_1展开前后第j个三角网格的面积值；ls_m^{B}和ls_m^{A}表示曲面S展开前后第m个轮廓线段边长；a_n^{B}和a_n^{A}表示曲面S_1展开前后两个相邻轮廓线段之间第n个夹角的角度值，(°)；a表示构成曲面S_1的所有三角网格所包含线段的总数量；b表示曲面S_1或S_2所包含的三角网格的总数量；c表示曲面S_1或S_2所包含的轮廓线段的总数量；d表示曲面S_1或S_2两相邻轮廓线段所构成夹角的数量。

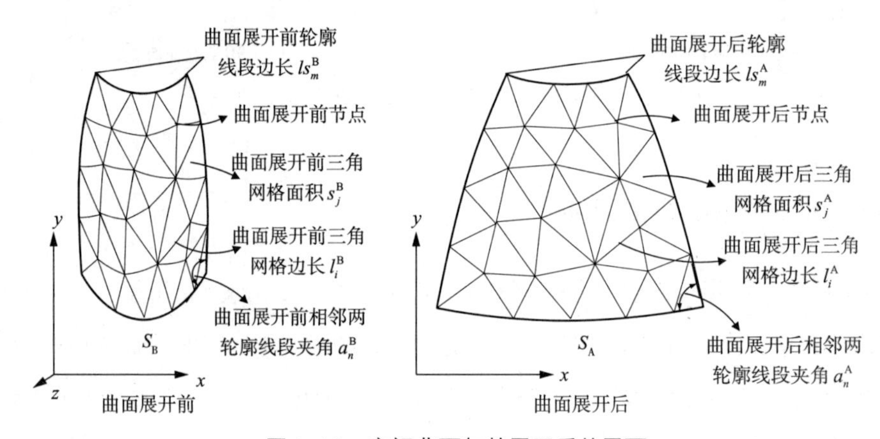

图4-12　空间曲面与其展开后的平面

在符合3D交互式服装纸样开发技术要求的前提下，S_2是S_1最接近的展开平面的准则是：曲面S_1和S_2中三角网络的各线段边长差的平方和Δ_l最小，曲面S_1和S_2中各三角网格的面积差的平方和Δ_s最小，曲面S_1和S_2的各轮廓线段边长差的平方和Δ_{ls}为零，以及曲面S_1和S_2的两相邻轮廓线段所构成夹角差的平方和Δ_α为零。Δ_l、Δ_s、Δ_{ls}、Δ_α的表达式为：

$$\Delta_l = \sum_{i=1}^{a}\left(l_i^{\mathrm{B}} - l_i^{\mathrm{A}}\right)^2 \tag{4-20}$$

$$\Delta_s = \sum_{j=1}^{b}\left(s_j^{\mathrm{B}} - s_j^{\mathrm{A}}\right)^2 \tag{4-21}$$

$$\varDelta_{ls}=\sum_{m=1}^{c}\left(ls_m^{\mathrm{B}}-ls_m^{\mathrm{A}}\right)^2 \tag{4-22}$$

$$\varDelta_{\alpha}=\sum_{n=1}^{d}\left(a_n^{\mathrm{B}}-a_n^{\mathrm{A}}\right)^2 \tag{4-23}$$

对于可展曲面，$\varDelta_l$、$\varDelta_s$、$\varDelta_{ls}$、$\varDelta_\alpha$最小值为零；对于不可展曲面，$\varDelta_{ls}$和$\varDelta_\alpha$最小值为零，而$\varDelta_l$和$\varDelta_s$最小值不为零。

4.2.7　2D服装纸样的后处理

4.2.7.1　纸样轮廓线光顺处理

人体表面是个极其复杂的曲面，在人体模型上构建的3D服装模型表面同样复杂。由于3D服装模型的表面是不可展曲面，这导致展开后所获得的初始纸样边缘较粗糙，不适合直接用于工业化生产，所以，需要对这些边缘曲线进行光顺处理。在计算机图形学中，服装平面纸样的线条通常由贝塞尔曲线构成。一条贝塞尔曲线由线段与节点共同组成，贝塞尔曲线的参数方程如式（4–24）所示：

$$B(t)=\sum_{i=0}^{n}\binom{n}{i}Pi(1-t)^{n-i}t^i,\ t\in[0,1] \tag{4-24}$$

其中，$P0, P1, \cdots, Pi$表示一条贝塞尔曲线的i个节点。

依据式（4–24）的原理，增加或减少一条贝塞尔曲线的节点数量并拖动节点的控制手柄，该曲线可近似拟合任意光滑曲线。如图4–13所示，随着贝塞尔曲线节点数量的减少，该曲线逐渐趋向平滑；当节点数减少到只有两个时，该曲线则变成直线。通过上述方法调整初始纸样的边缘曲线使其光滑顺直，且与人体相应部位的曲率走势相吻合。通过对初始纸样的光顺处理，处理后的纸样将易于成衣缝制及提升成衣的合体性。

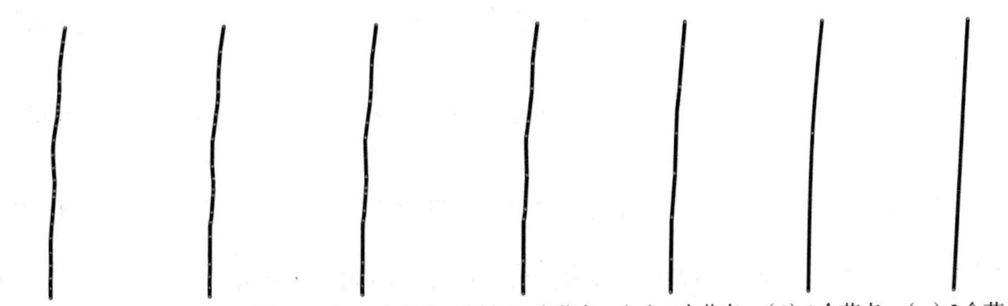

（a）23个节点　（b）19个节点　（c）15个节点　（d）11个节点　（e）7个节点　（f）3个节点　（g）2个节点

图4–13　不同节点数量的曲线形态变化

4.2.7.2 面料缩水率对纸样影响的处理方法

服装面料缩水率显著影响成衣的最终尺寸，本小节将探讨针对不同面料缩水率的纸样后处理方法。如图4-14所示，某款面料经向和纬向的缩水率分别是$sr_{经向}$和$sr_{纬向}$。

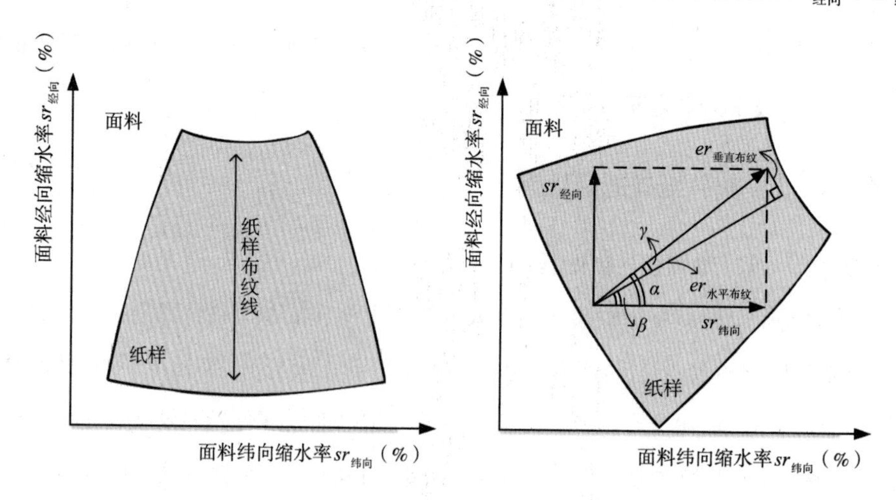

（a）面料的经向和纸样的布纹线一致　（b）面料的经向和纸样的布纹线不一致

图4-14　不同面料缩水率的纸样处理方法

如果该面料的经向和纸样的布纹线一致，那么纸样需要沿布纹线方向伸展$sr_{经向}$，沿垂直布纹线方向上伸展$sr_{纬向}$；如果面料的经向和纸样的布纹线不一致，那么纸样需要沿布纹线方向上伸展$er_{水平布纹}$，沿垂直布纹线方向上伸展$er_{垂直布纹}$。$er_{水平布纹}$和$er_{垂直布纹}$的推导过程如式（4-25）~式（4-32）所示：

$$\gamma = \alpha - \beta \tag{4-25}$$

$$\alpha = \arctan(sr_{经向} / sr_{纬向}) \tag{4-26}$$

$$sr_{复合} = \sqrt{sr_{经向}^2 + sr_{纬向}^2} \tag{4-27}$$

$$er_{水平布纹} = sr_{复合} \times \cos(\gamma) \tag{4-28}$$

$$er_{垂直布纹} = sr_{复合} \times \sin(\gamma) \tag{4-29}$$

将式（4-26）代入式（4-25），得到角度γ如式（4-30）所示：

$$\gamma = \arctan(sr_{经向} / sr_{纬向}) - \beta \tag{4-30}$$

将式（4–27）和式（4–30）代入式（4–28），得到纸样沿布纹方向上的伸展率 $er_{水平布纹}$见式（4–31）：

$$er_{水平布纹}=\sqrt{sr_{经向}^2+sr_{纬向}^2}\times\cos\left\{\arctan\left(\frac{sr_{经向}}{sr_{纬向}}\right)-\beta\right\} \tag{4–31}$$

将式（4–27）和式（4–30）代入式（4–29），得到纸样垂直布纹方向上的伸展率 $er_{垂直布纹}$见式（4–32）：

$$er_{垂直布纹}=\sqrt{sr_{经向}^2+sr_{纬向}^2}\times\sin\left\{\arctan\left(\frac{sr_{经向}}{sr_{纬向}}\right)-\beta\right\} \tag{4–32}$$

其中，r表示面料经向和纬向的复合缩水方向与纸样布纹线之间的夹角，（°）；β表示面料的纬向与纸样布纹线之间的夹角，（°）；α表示面料的复合缩水方向与面料的纬向之间的夹角，（°）；$sr_{经向}$表示面料在经向方向上的缩水率，%；$sr_{纬向}$表示面料在纬向方向上的缩水率，%；$sr_{复合}$表示面料经向与纬向复合的缩水率，%；$er_{水平布纹}$表示服装纸样沿布纹方向上的伸展率，%；$er_{垂直布纹}$表示服装纸样垂直布纹方向的伸展率，%。

依据纸样轮廓线光顺处理原理和面料缩水率对纸样影响的处理方法，对初始服装纸样进行调整，然后加放缝份、放码、制作操作板以及添加文字说明等，最后交付生产环节。

4.3　3D 交互式服装纸样开发技术的应用

章节 4.2 中阐述了 3D 交互式服装纸样开发技术的基本原理和开发流程。本节给出一个运用 3D 交互式服装纸样开发技术，开发一款春夏女装纸样的应用实例。如图 4–15 和图 4–16 所示的春夏女装，如果应用传统纸样开发方法制作该款服装的纸样，即使是经验丰富的制板师也需要反复推算和试样，过程相当耗时和烦琐。如果运用 3D 交互式服装纸样开发技术开发该款女装，则流程如图 4–15 和图 4–16 所示。

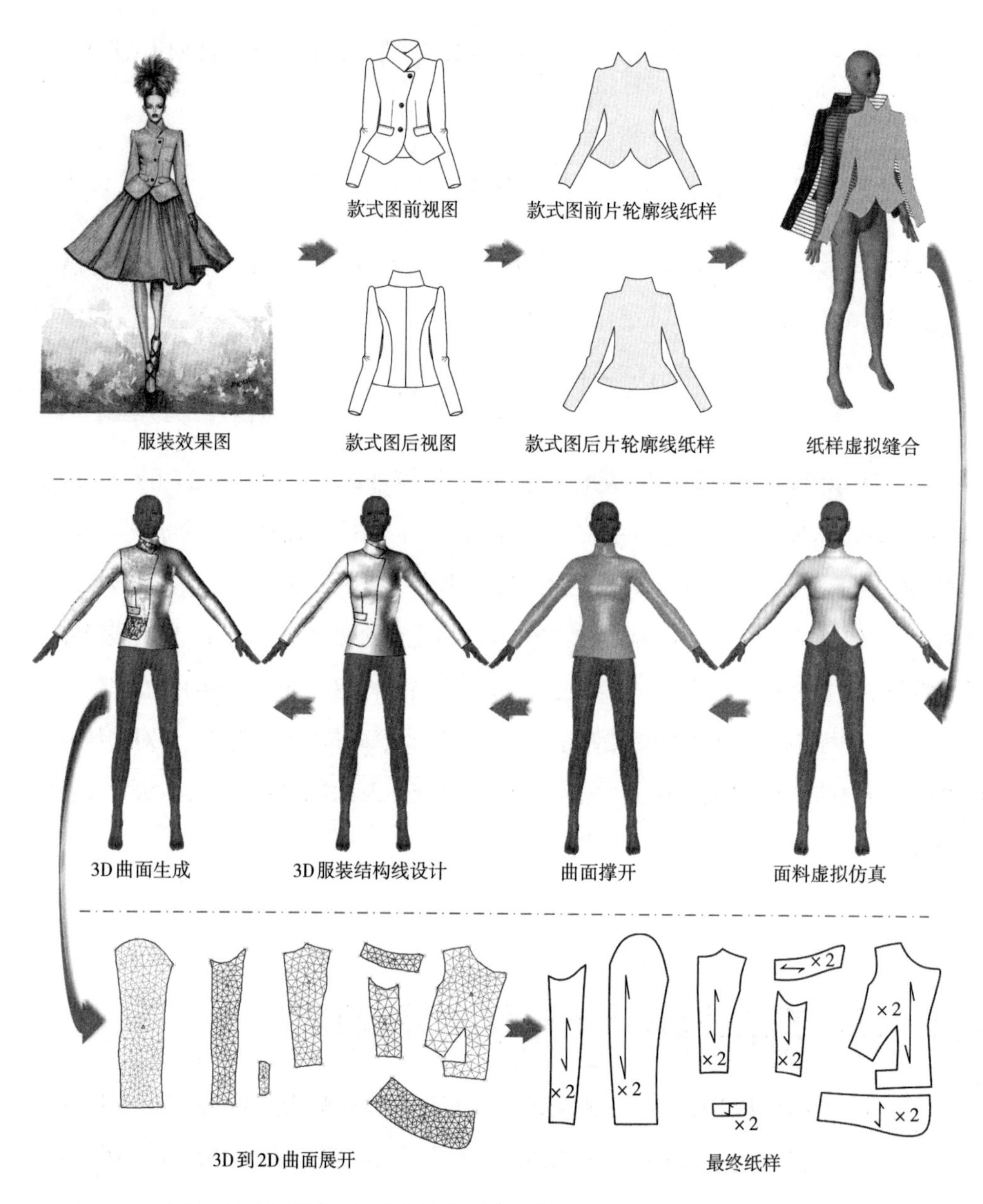

图4-15 基于3D交互式服装纸样开发技术的春夏女上装纸样开发

步骤1：服装设计师依据效果图绘制服装款式图的前视图和后视图。

步骤2：依据服装款式图的前视图和后视图抽取服装款式图前后片轮廓线纸样。

步骤3：虚拟缝合服装前后片轮廓线纸样，构建3D服装模型。

步骤4：调整服装模型使其与服装效果图相符，并在三维空间中展平3D服装表面褶皱。

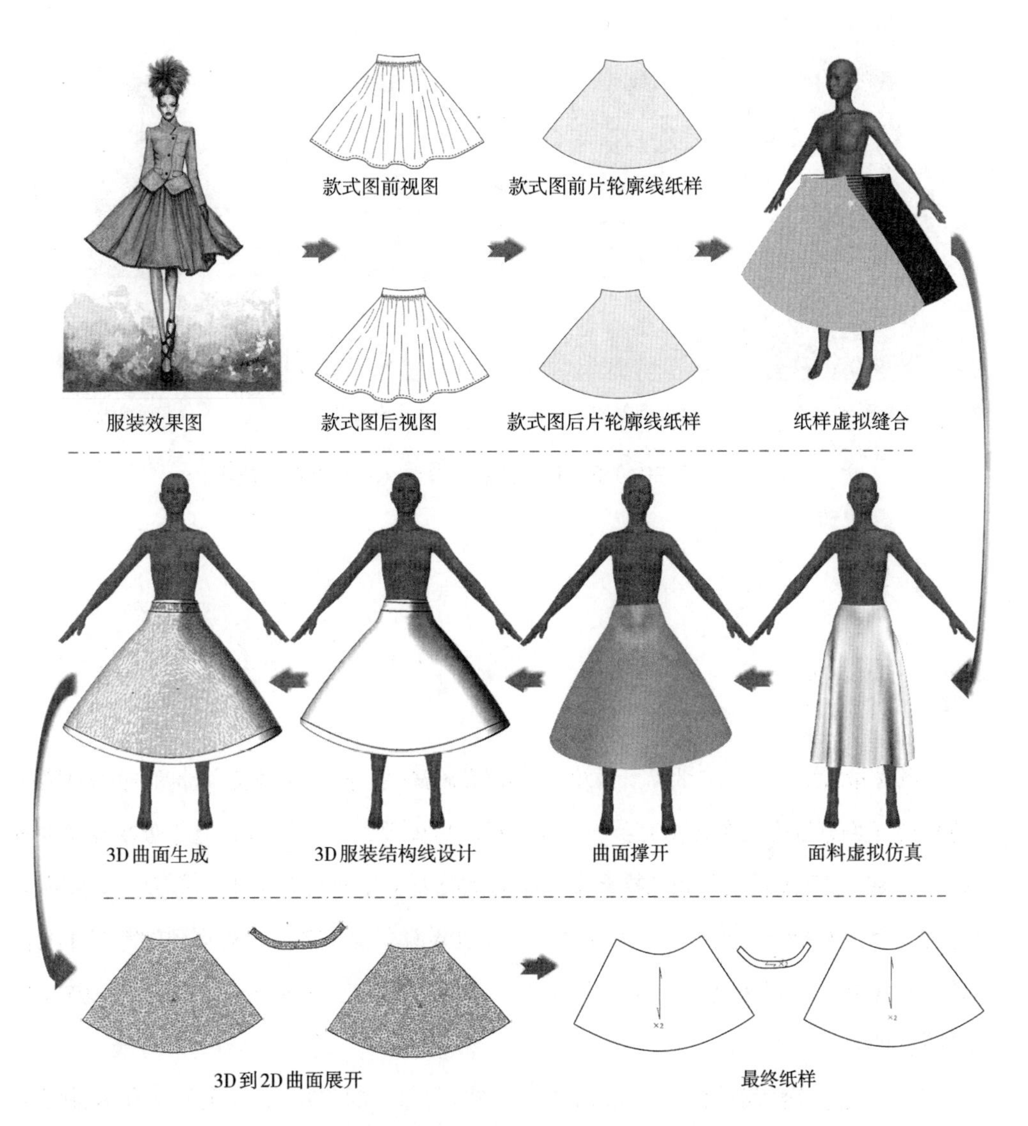

图4–16　基于3D交互式服装纸样开发技术的春夏女裙装纸样开发

步骤5：依据服装款式图，在服装模型表面设计3D服装结构线。

步骤6：展平3D服装结构线所围成的3D曲面，获取初始服装纸样。

步骤7：经过一系列后处理的纸样可以用于大货生产。其他款式服装的3D交互式纸样开发可参考上述步骤操作。

依据图4–15和图4–16中所开发的春夏女装纸样，通过虚拟试穿的方式制作3D成衣。3D成衣与设计效果图的对比表明，3D交互式服装纸样开发技术能够较好地实现设计师的设计思维（图4–17）。

图4-17　基于3D交互式服装纸样开发技术的春夏女装成衣

4.4 讨论

放松量设置一直是3D纸样开发中一个较难解决的问题。目前，面料的机械性能仿真与真实面料还存在着较大差异[52-53]，在虚拟面料上固定好的放松量较难与真实面料一一对应。3D交互式服装纸样开发技术将放松量当成人体尺寸的一部分，直接构建已包含放松量的人体模型，然后在人体模型上设计紧身服装，最后得到的紧身服装纸样的各部位尺寸已包含了精确的放松量。该方法较好地解决了3D纸样开发中放松量的设置问题。

服装快速建模问题也是目前3D纸样开发中较难解决的问题。虽然已有多种服装建模方法，但能实际应用于3D纸样开发中的建模方法却较少。3D纸样开发对服装建模有以下三个要求：一是服装模型必须与款式图相符；二是面料的物理和机械性能必须考虑在内；三是建模速度要快。现有的3D纸样开发所使用的服装建模方法都无法较好地同时满足上述一系列的要求，这就导致了目前3D纸样开发方法仅能适用于一些特定的款式。本章所提出的3D交互式服装纸样开发技术使用服装款式图构建服装模型，该方法既解决了服装模型必须与款式图相符的问题，又在建模过程中考虑了面料的机械和物理性能，同时建模操作简单，建模速度较快。

虽然在传统的纸样开发中对面料的物理和机械性能的处理方法已较为成熟，但在

3D纸样开发中该问题一直较难解决。目前，一部分研究者在整个3D纸样开发阶段完全忽视面料的物理和机械性能；另一部分的研究者在服装建模阶段将服装当作刚体处理，并未涉及面料的物理和机械性能，而是在3D曲面展开阶段才将这些性能考虑在内，然而虚拟面料的模拟还存在着较多的问题[52-53]，这就导致了展开的纸样与所期望的纸样存在较大差异。3D交互式服装纸样开发技术在前期的3D服装建模和后期的初始纸样处理阶段综合考虑了面料的机械和物理性能，故在3D曲面展开阶段可将服装模型当作刚体处理，该方法较好地解决了3D纸样开发过程中面料的机械和物理性能等对纸样的影响问题。

4.5 小结

本章所提出的3D交互式服装纸样开发技术整合了2D到3D的服装建模和3D到2D的曲面展开。在该技术的辅助下，服装制板师只需使用款式图构建3D服装模型，然后直接在3D服装模型上设计结构线，后续纸样的展开交由计算机完成，摆脱了服装结构设计过程中复杂的计算，显著地提高了纸样开发的效率，实现了自动化和智能化的服装纸样开发。与传统的服装纸样开发方法以及目前其他3D纸样开发方法相比，3D交互式服装纸样开发技术具有以下三个方面的优点。

（1）该技术使操作者无需拥有服装纸样开发的知识且无需反复试样，也可以开发出合体性较好的个性化服装纸样。

（2）该技术既适用于紧身服装的纸样开发又适用于宽松服装的纸样开发。

（3）该技术综合考虑了服装的放松量、面料的机械和物理性能等。

尽管3D交互式服装纸样开发技术拥有诸多的优点，然而该技术仍较难实现复杂款式，特别是包含大量褶皱服装的纸样开发，将来可沿该方向展开进一步研究。此外，本章提出的3D交互式纸样开发方法并未涉及如何进行纸样的合体性评估及如何在合体性评估基础上的服装纸样优化问题，该部分的内容将在第5章中详细阐述。

第 5 章

基于机器学习的服装合体性评估技术

» » 第3章通过构建服装款式与服装结构关联设计的知识模型，辅助无经验的设计人员开发某一单类服装产品的款式图和其结构图。第4章提出3D交互式服装纸样开发技术用于制作个性化服装产品的纸样。第3章和第4章所提出的方法涵盖了大部分服装款式的纸样开发。在服装产品的开发过程中，当纸样设计完成之后，下一步则需要依据纸样制作样衣并评估样衣的合体性。如果样衣合体，则纸样进入批量生产环节；如果样衣不合体，则制板师需要修改纸样，直到其合体性达到要求为止。样衣的制作过程会耗费大量的人力和物力，将显著增加服装产品的开发成本。因此，如何无需通过制作样衣就能直接评估纸样的合体性是服装工业亟须解决的问题[13]，也是本章论述的焦点。

5.1 基于机器学习的服装合体性评估技术实现的基本方案

本章所提出的基于机器学习的服装合体性评估技术的基本方案描述如图5-1所示。该技术共由三部分组成：服装合体性评估模型的构建、输入型和输出型训练数据的收集实验，以及模型的应用。具体实施步骤如下。

首先，分别使用机器学习算法构建服装合体性状况与反映服装合体性的指标之间的数学关系模型。

其次，分别通过实验获取输入型和输出型训练数据。基于机器学习的服装合体性评估模型从输入型和输出型训练数据中不断地学习之后，可以实现服装合体性的自动预测。

最后，通过具体实例对本章所提出的基于机器学习的服装合体性评估模型进行测试和验证。

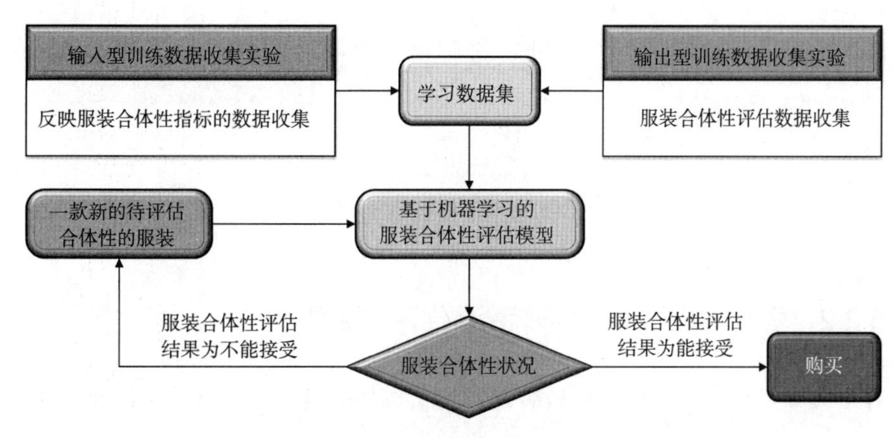

图 5–1　基于机器学习的服装合体性评估的基本方案

5.2　基于机器学习的服装合体性评估数学模型的构建

第2章中已阐述了朴素贝叶斯、决策树C4.5和BP神经网络的原理以及各自的优点，本章分别使用上述三种机器学习算法构建服装合体性评估的数学模型。

5.2.1　服装合体性评估涉及的基本概念及定义

基于机器学习的服装合体性评估模型的结构如图5–2所示。该模型的输入项是反映服装合体性指标的观测值，如服装压力、服装放松量、服装纸样尺寸等；该模型的输出项是服装合体性的预测结果，如合体的、不合体的等。机器学习算法用于构建输入项与输出项之间的数学关系。本章建模所涉及的概念和数据定义如下：

设 $G=\{g_1, g_2, \cdots, g_m\}$ 表示基于机器学习的服装合体性评估模型输入型和输出型训练数据收集实验中所涉及的 m 件服装；

设 $FL\in\{fl_1, fl_2, \cdots, fl_n\}$ 表示服装合体性评估结果；

设 k 表示反映服装合体性状况的指标数量；

设 $P_i=(p_i^1, \cdots, p_i^j, \cdots, p_i^k)$ 表示通过仪器或观测收集的一组反映服装合体性的 k 个不同指标的测量值，其中 p_i^j 表示反映服装合体性的指标 j 在服装 g_i 上的测量值；

设 $P_{new}=(p_{new}^1, \cdots, p_{new}^j, \cdots, p_{new}^k)$ 表示某款待评估合体性的服装所测量的反映服装合体性指标（数字化服装压力）的数值。

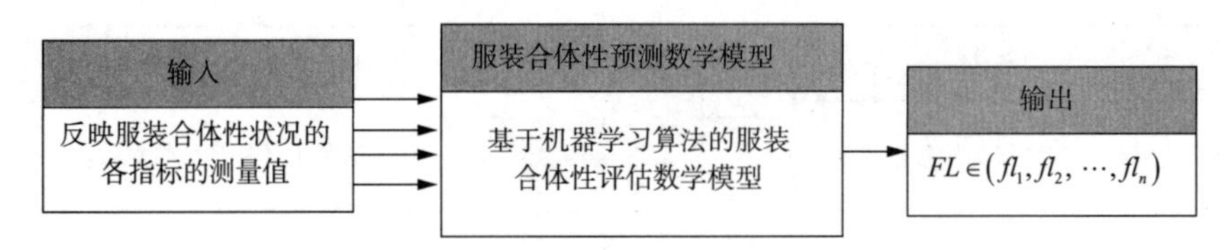

图5-2　基于机器学习的服装合体性评估模型

5.2.2　基于朴素贝叶斯的服装合体性评估模型

朴素贝叶斯首先用于构建服装合体性评估模型的输入项和输出项之间的数学关系。建模步骤如图5-3所示，主要包含以下6个步骤。

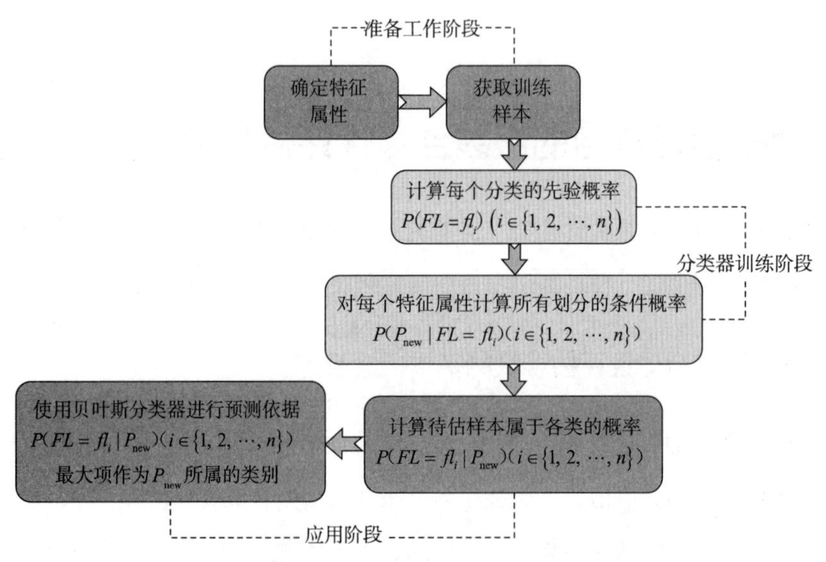

图5-3　基于朴素贝叶斯的服装合体性评估模型的构建流程

步骤1：确定特征属性。在构建基于机器学习的服装合体性评估模型阶段，k个反映服装合体性的指标被选作该模型的特征属性。依据朴素贝叶斯原理，假定k个特征属性相互独立且其值分布属于正态分布。

步骤2：获取训练样本。通过相关实验收集构建服装合体性评估模型所需的输入型和输出型训练数据。其中，模型的输入型训练数据是反映服装合体性不同指标的观测值；模型的输出型训练数据是服装合体性的评估结果。

步骤3：计算每个分类的先验概率。设服装合体性状况划分为n类。通过真实试穿与评估，服装样本库$G=\{g_1, g_2, \cdots, g_m\}$中所有的服装被归为上述$n$类中的某一类，每一类别（ $i \in \{1, 2, \cdots, n\}$ ）的先验概率计算见式（5–1）：

$$P(FL = fl_i) = \frac{\text{服装合体性状况属于}FL = fl_i\text{的所有服装的数量}}{m} \quad (5\text{–}1)$$

步骤4：计算划分样本集的各特征属性所产生的条件概率，见式（5–2）。

$$P(P_{\text{new}} \mid FL = fl_i) = \prod_{j=1}^{k} P(p_{\text{new}}^{j} / FL = fl_i) \quad (5\text{–}2)$$

步骤5：计算待估样本P_{new}属于样本集类别属性中所涵盖的所有类的后验概率，见式（5–3）。

$$P(FL = fl_i \mid P_{\text{new}}) = \frac{P(FL = fl_i)P(P_{\text{new}} \mid FL = fl_i)}{\sum_{i=1}^{n} P(FL = fl_i)P(P_{\text{new}} \mid FL = fl_i)} \quad (5\text{–}3)$$

步骤6：使用贝叶斯分类器进行预测。

如果$P(FL = fl_i \mid P_{\text{new}}) = \max\limits_{1 \leqslant i \leqslant n} \{P(FL = fl_i \mid P_{\text{new}})\}$，$(1 \in \{1, 2, \cdots, n\})$，则待估样本$P_{\text{new}}$属于服装合体性状况$FL = fl_i$类。

5.2.3　基于决策树C4.5的服装合体性评估模型

本节使用决策树C4.5算法构建服装合体性评估模型的输入项和输出项之间的数学关系。C4.5算法构建决策树主要包含以下四个步骤。

步骤1：计算信息增益率。信息增益率的计算在章节2.3中有详细说明。如果训练集的数据类型为连续型，则首先需要离散化处理该数据，其次计算样本所有属性的信息增益率，最后将所有属性中信息增益率最大的属性分配为根节点的分枝属性。在C4.5算法构建服装合体性评估模型过程中，一个样本数据表示一件服装具有的反映该服装合体性状况的k个不同指标的观测值以及该服装的合体性状况。每一个反映服装合体性的指标代表一个属性，服装合体性本身也是一个属性。

步骤2：构建决策树。依据根节点属性不同取值所对应的数据子集，运用步骤1相同的方法递归地构建决策树的分枝。通过比较分枝的所有属性的信息增益率数值，选择分枝中信息增益率最大的属性作为子节点。以此类推，当全部分枝节点中的训练样本归为相同类别时，则停止建树。

步骤3：修剪树。当决策树初步构建完成后，需要对树进行剪枝以消除过拟合现象，提高真实的预测精度。C4.5算法选用后剪枝方式优化决策树，以消除训练样本收集时掺杂的错误数据带来的不利影响。

步骤4：提取决策规则。当决策树最终构建完成后，从树的根节点到叶节点的每一条分枝都是一个决策规则。一棵决策树有多少条分枝，就有多少个决策规则。决策树和决策规则是知识表达的不同形式，两者所表达的知识内容完全一致，即都可以对一个新样本实施分类或预测[199]。

5.2.4 基于BP神经网络的服装合体性评估模型

本节使用BP神经网络构建服装合体性评估模型的输入项和输出项之间的数学关系（图5-4）。基于BP神经网络的服装合体性评估模型的构建主要包含：BP神经网络参数设置、网络训练以及网络预测。

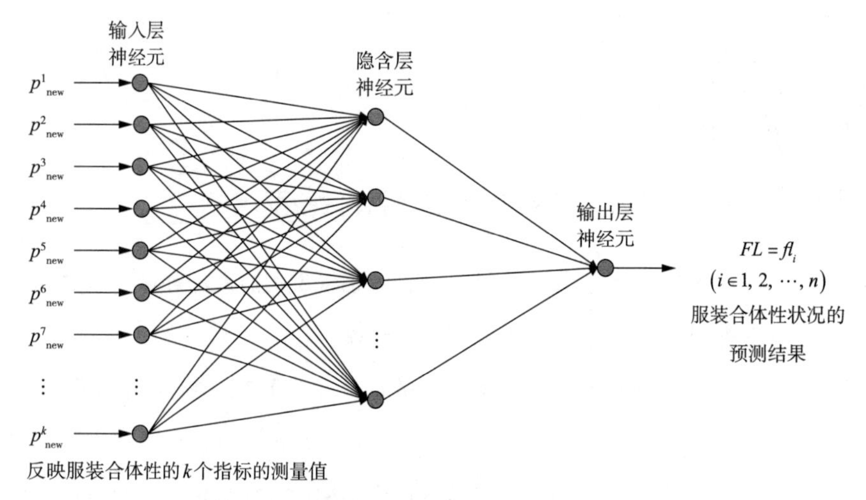

图5-4　基于BP神经网络的服装合体性评估模型的结构

步骤1：BP神经网络的参数设置。

（1）网络层数设置：研究表明任一连续型函数都可以由仅具一个隐含层的BP神经网络近似拟合[155-200]。服装合体性评估模型本质上是一个非线性函数。该函数的自变量是k个反映服装合体性的指标；该函数的因变量是n个服装合体性的可能性预测结果。因此，本章采用最经典的三层BP神经网络构建服装合体性评估模型。

（2）输入和输出层节点选择：基于BP神经网络的服装合体评估模型的输入层节点数为k，代表k个反映服装合体性状况的不同指标的测量值；输出层节点为n，代表n维服装合体性状况预测的可能结果。

（3）隐含层神经元数量设置：隐含层神经元个数对BP神经网络预测精度具有显著的影响。隐含层节点数目太少或太多都会给网络带来不稳定性和不可靠性。目前为止，还未有系统的规则指导隐含层神经元数量的设置[200]。在实际应用中，隐含层神经元数量一般由经验公式并结合反复试验确定。

（4）学习速率：学习速率对BP神经网络同样具有重要影响。如果学习速率过低，则网络训练阶段耗时过长；如果学习速率过高，则易引起网络不收敛[155]。在实际应用中，学习速率一般由反复试验确立。

步骤2：BP神经网络训练。

BP神经网络的训练过程始终伴随网络权重的调整和优化。在章节2.4.2中已详细描述了BP神经网络的权重调整过程，它主要包含以下七个步骤[201]。

（1）初始化网络的连接权重。

（2）从样本训练数据集中选择一个样本作为网络的输入项。

（3）计算网络的输出数值，即服装合体性的预测数值。

（4）计算网络输出的合体性评估值与真实服装合体性评估值之间的误差。

（5）通过使用从输出层到输入层的反馈调整连接权重。

（6）重复步骤（3）、（4）和（5）直至BP神经网络的预测误差不超过设定的范围。

（7）当网络误差达到可接受范围或学习次数超过预设值时，则中止算法，否则从训练数据集中选择下一个训练样本，返回到步骤（2），进入新一轮训练。

步骤3：BP神经网络预测。

通过上述步骤，本章构建了一个基于BP神经网络的服装合体性评估模型。在模型完成训练后，其可对一个新的样本 P_{new} 作出合体性预测。

5.3 基于机器学习的服装合体性评估数学模型的应用

5.3.1 裤子合体性评估模型的构建方法

本节选用裤装合体性评估作为基于机器学习的服装合体性评估的一个应用实例，模型的构建方法如图5-5所示：首先，使用机器学习算法构建反映裤装合体性的指标

（数字化服装压力）与服装合体性预测结果之间的数学关系模型；其次，实验Ⅰ和实验Ⅱ分别通过真实试穿和虚拟试穿收集裤装合体性评估模型的输出型和输入型学习数据，应用收集的学习数据对基于机器学习的裤装合体性评估模型进行训练；最后，训练后的模型可以对一个合体性未知的裤子自动预测其合体性。

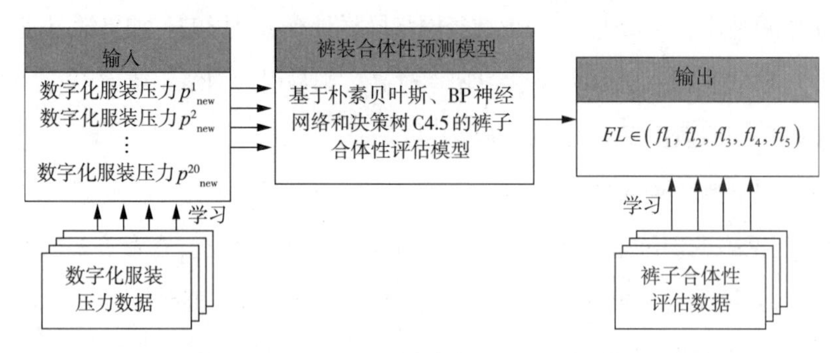

图5-5　基于机器学习的服装合体性评估模型在裤装上的应用

5.3.2　模型训练数据收集实验前的准备工作

实验Ⅰ和实验Ⅱ分别用于收集基于机器学习的服装合体性评估模型的训练和验证数据。其中，实验Ⅰ的目的是通过真实试穿的方法收集模型的输出型训练数据，实验Ⅱ的目的是通过虚拟试穿的方法收集模型的输入型训练数据。实验Ⅰ和实验Ⅱ所需的人体测量设备、软件、评估者、服装以及面料等详述如下。

人体测量设备：本实验使用Vitus Smart三维人体扫描仪采集人体尺寸数据，该数据用于构建虚拟试穿中的3D人体模型。该人体扫描仪符合国际标准DIN EN ISO 20685，其数据采集误差在±1mm之间，能较好地满足本实验的要求。

软件：本实验使用韩国企业CLO Virtual Fashion开发的虚拟试穿软件CLO 3D测量数字化服装压力，该软件使用先进的仿真技术构建逼真的3D服装，其对服装面料模拟的真实度达到了95%以上。

评估者：依据中国国家标准GB/T 1335.2—2008，A体型女性所占比例最高[202]，此外，服装企业批量生产也是主要选择A体型女性作为生产对象。因此，笔者选择9个A体型的女性试穿者参与真实的试穿实验，她们的体型尺寸分别是155/60A、155/62A、160/64A、160/66A、160/68A、165/70A、165/72A、170/74A、170/76A，上述体型涵盖了大部分A体型女性。图5-6中展示了依据9个女性试穿者的体型尺寸所生成的9个3D虚拟人体模型（女性的体型依据胸腰差分成四类：Y、A、B和C。其中，Y体型的人胸腰差在19~24cm；A体型的人胸腰差在14~18cm；B体型的人胸腰差在9~13cm；C体型的人胸腰差在4~8cm。例如，155/60A表示体型为A，身高是155cm，腰围是60cm）。

服装：调查表明，在所有服装中，裤子的合体性评估问题是最具有挑战性的问题[115]。如果基于机器学习的服装合体性评估模型能够对裤子的合体性进行准确预测，那么该模型也同样适应于其他类似款式的服装。在本实验中所涉及的72条不同号型直筒裤的尺寸见表5-1，该尺寸分布涵盖了市场上大部分裤子的号型。

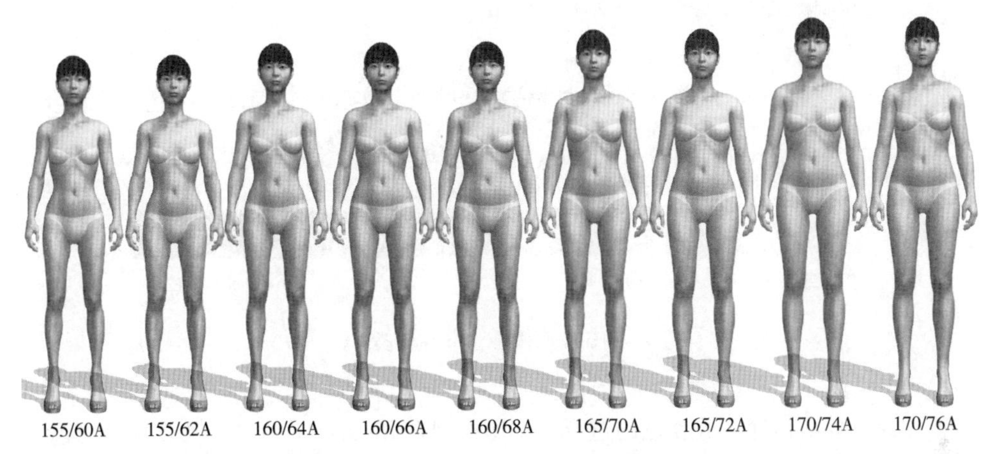

图5-6　基于9个试穿者所生成的9个用于虚拟试穿的3D人体模型（单位：cm）

表5-1　试穿实验所需的72条裤子的腰围和臀围尺寸　　单位：cm

	60.0/75.5	60.0/78.0	60.0/80.5	60.0/83.0	60.0/85.5	60.0/88.0	60.0/90.5	60.0/93.0
	62.5/ 78.0	62.5/ 80.5	62.5/ 83.0	62.5/ 85.5	62.5/ 88.0	62.5/ 90.5	62.5/ 93.0	62.5/ 95.5
	65.0/80.5	65.0/83.0	65.0/85.5	65.0/88.0	65.0/90.5	65.0/93.0	65.0/95.5	65.0/98.0
	67.5/83.0	67.5/85.5	67.5/88.0	67.5/90.5	67.5/93.0	67.5/95.5	67.5/98.0	67.5/100.5
W/*H*	70.0/85.5	70.0/88.0	70.0/90.5	70.0/93.0	70.0/95.5	70.0/98.0	70.0/100.5	70.0/103.0
	72.5/88.0	72.5/90.5	72.5/93.0	72.5/95.5	72.5/98.0	72.5/100.5	72.5/103.0	72.5/105.5
	75.0/90.5	75.0/93.0	75.0/95.5	75.0/98.0	75.0/100.5	75.0/103.0	75.0/105.5	75.0/108.0
	77.5/93.0	77.5/95.5	77.5/98.0	77.5/100.5	77.5/103.0	77.5/105.5	77.5/108.0	77.5/110.5
	80.0/95.5	80.0/98.0	80.0/100.5	80.0/103.0	80.0/105.5	80.0/108.0	80.0/110.5	80.0/113.0

注　60/67.5表示该裤子的W（腰围）和H（臀围）分别是60cm和75.5cm，其他以此类推。

面料：面料的机械性能对服装压力数值具有显著的影响，因此，在虚拟试穿实验中需要综合考虑这一因素。本实验选择最常用的一款牛仔裤面料进行虚拟试穿实验，该面料的性能参数见表5-2。本书中所有数字化压力测量实验均采用该面料的机械性能参数值（该面料也是真实试穿实验中牛仔裤制作所用的面料）。

表5-2　虚拟试穿所用面料机械性能参数值

缩写	BST	BSP	BRT	BRP	*ST*	*SW*	*BT*	*BP*	*SH*	*DE*	*ID*	*FC*
数值	30	30	50	50	32	32	35	35	23	35	1	3

注　BST表示纬纱变形强度；BSP表示经纱变形强度；BRT表示纬纱变形率；BRP表示经纱变形率；*ST*表示纬纱强度；*SW*表示经纱强度；*BT*表示纬纱弯曲强度；*BP*表示经纱弯曲强度；*SH*表示对角线张力；*DE*表示密度；*ID*表示内阻尼；*FC*表示摩擦系数。该表中的机械性能参数值是介于1~99的相对值，该相对值由CLO Virtual Fashion公司测试真实面料后给出。

服装合体性分类：在裤子合体性评估数据的收集实验中，因尺寸引起的服装合体状况分为五类：1—非常松的，2—松的，3—正常的，4—紧的，5—非常紧的（图5-7）。

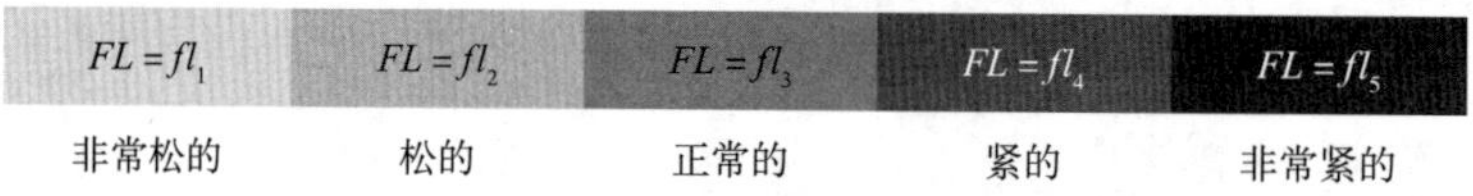

$FL=fl_1$	$FL=fl_2$	$FL=fl_3$	$FL=fl_4$	$FL=fl_5$
非常松的	松的	正常的	紧的	非常紧的

图5-7　服装合体性分类

试穿：真实试穿实验在室内进行，室温控制在18~20℃。在进行真实试穿实验评估服装合体性之前，每个评估者都穿着一件薄内衣，该内衣对评估者而言既不紧也不松。

5.3.3　实验Ⅰ：服装合体性评估数据的收集

实验Ⅰ通过真实试穿收集服装合体性状况的数据，其实验方案如图5-8所示。9个不同体型尺寸的评估者分别参与服装合体性的评估，具体步骤如下。

步骤1：依据表5-1中裤子腰围和臀围的号型分布分别制作72条裤子。

步骤2：每个评估者依据个人喜好分别从72条裤子中挑选8条裤子进行试穿，每条裤子只能被一个试穿者选择，直到72条裤子被所有试穿者选择完为止，选择结果见表5-3。

步骤3：每个评估者分别试穿其所选择的8条裤子。在试穿过程中评估者分别做五个动作，即坐、站、蹲、走和跑，然后该评估者依据图5-7中的服装合体性状况的

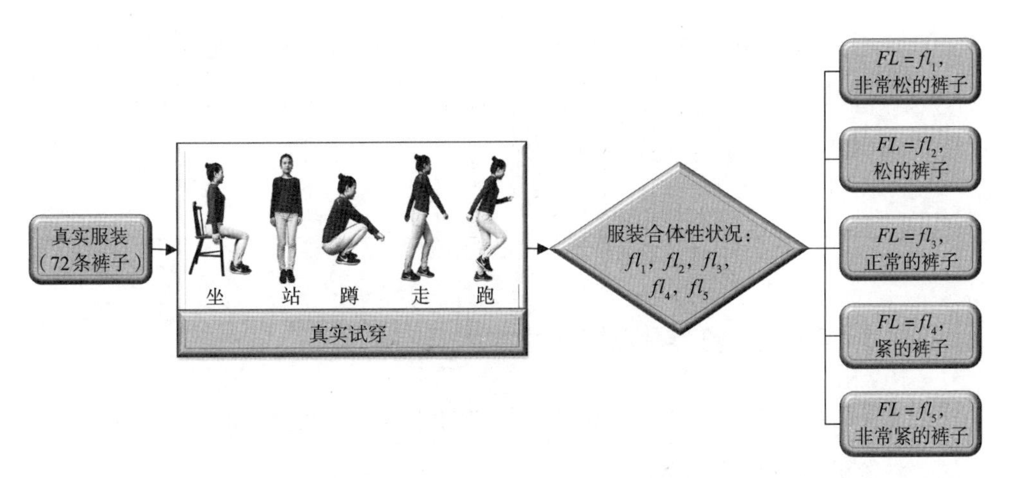

图5-8　服装合体性评估数据的收集方法

五个分类标准（非常紧的、紧的、正常的、松的、非常松的）对其所穿裤子的合体性进行一个综合评估。

最终，9个试穿者分别完成了各自所选的8条裤子的合体性状况评估。依据评估结果，72条裤子被分成五类：非常松的裤子共9条，松的裤子共16条，正常的裤子共23条，紧的裤子共16条，非常紧的裤子共8条（表5-4）。该裤子的分类数据作为输出型训练数据将结合实验Ⅱ中所收集的输入型训练数据，用于构建和验证基于机器学习的服装合体性评估模型。

表5-3　9个试穿者所选的72条裤子的尺寸分布表　　单位：cm

号/型	155/60A	155/62A	160/64A	160/66A	160/68A	165/70A	165/72A	170/74A	170/76A
W/H	60.0/78.0	62.5/ 78.0	60.0/75.5	60.0/80.5	60/83.0	67.5/95.5	70.0/85.5	72.5/105.5	72.5/93.0
	60.0/88.0	62.5/ 83.0	60.0/85.5	65.0/80.5	62.5/ 85.5	70.0/93.0	70.0/100.5	75.0/90.5	77.5/100.5
	62.5/ 80.5	60.0/90.5	62.5/ 90.5	67.5/85.5	65.0/98.0	72.5/95.5	72.5/88.0	75.0/103.0	77.5/105.5
	62.5/ 88.0	60.0/93.0	62.5/ 95.5	70.0/95.5	65.0/93.0	72.5/98.0	72.5/90.5	75.0/105.5	77.5/110.5
	62.5/ 93.0	65.0/88.0	65.0/90.5	70.0/98.0	67.5/83.0	75.0/95.5	75.0/108.0	77.5/93.0	80.0/105.5
	65.0/83.0	67.5/90.5	65.0/85.5	72.5/100.5	67.5/100.5	75.0/98.0	77.5/103.0	77.5/95.5	80.0/108.0
	65.0/95.5	67.5/98.0	67.5/93.0	75.0/93.0	70.0/88.0	77.5/98.0	80.0/95.5	80.0/100.5	80.0/110.5
	67.5/88.0	70.0/103.0	72.5/103.0	75.0/100.5	70.0/90.5	77.5/108.0	80.0/98.0	80.0/103.0	80.0/113.0

注　9个试穿者每人选择8条裤子。该表格中的每一列表示一个试穿者所选择的8条裤子的尺寸数据（A表示胸腰差在14~18cm的女性，*W*表示腰围，*H*表示臀围）

表5-4　通过真实试穿收集的裤子合体性评估数据（输出型学习数据）

FL	非常松的			松的			正常的			紧的			非常紧的		
	1	1	1	2	2	2	3	3	3	4	4	4	5	5	5
样本序号	1	…	9	10	…	25	26	…	48	49	…	64	65	…	72

5.3.4　实验Ⅱ：数字化服装压力数据的收集

实验Ⅱ的主要目的是通过虚拟试穿收集数字化服装压力数据，如图5-9所示。本书采用一种较新颖的数字化服装压力测量方法，该方法的具体步骤描述如下[61-62, 113, 118]。

步骤1：依据9个真实试穿者的人体尺寸数据分别构建9个3D虚拟人体模型。这9个虚拟人体模型的尺寸与9个评估者的体型尺寸完全相同［图5-9（a）、（b）］。

步骤2：服装压力测量点*F*1, *F*2, …, *F*15和*B*1, *B*2, …, *B*5分别等距离地映射到裤子的前片和后片纸样上［图5-9（c）］。无论裤子号型怎么变化，该20个测量点的相对位置不变。依据上述方法，72条裤子中每条裤子的纸样上分别设置20个压力测量点。通常情况下，裤子膝盖以下区域只影响服装的造型，而对服装的合体性影响有限[161]。本实验为了减少测量点的数量并未在裤子膝盖以下区域安排压力测量点。

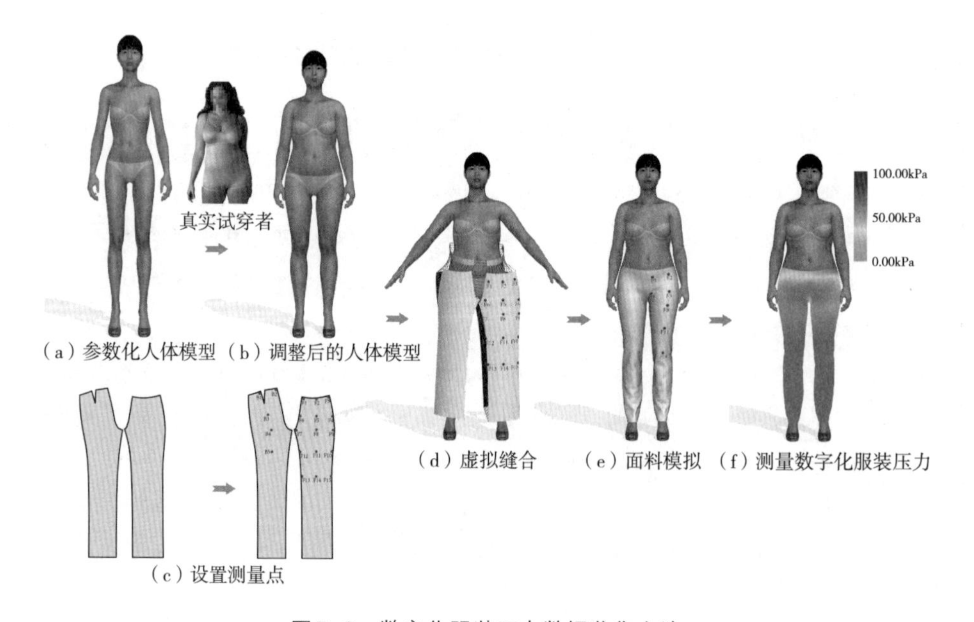

图5-9　数字化服装压力数据收集方法

步骤3：依据图5-2中面料的机械性能参数，使用虚拟试穿软件CLO 3D将表5-3中9个评估者各自所选裤子的纸样分别试穿到评估者相对应的3D人体模型上［图5-9（d）、（e）］；

步骤4：依据先前定义的20个压力测量点，每条裤子分别测量20个服装压力数值［图5-9（f）］。

最终，使用上述方法分别测量72条裤子的数字化服装压力数据（表5-5），该数据作为输入型训练数据，结合实验Ⅰ中所收集的输出型学习数据，共同构建和验证基于机器学习的裤装合体性评估模型。

表5-5 通过虚拟试穿收集的数字化服装压力数据（输入型学习数据） 单位：kPa

序号	数字化服装压力值									
	*F*1	*F*2	*F*3	*F*4	*F*5	*F*6	*F*7	*F*8	*F*9	…	*B*5
1	6.92	9.57	12.34	3.22	4.35	5.66	7.82	4.35	3.19	…	1.67
2	6.58	8.98	14.74	3.12	6.03	6.35	7.39	5.41	2.64	…	1.15
3	7.58	9.12	8.12	1.78	5.37	7.30	13.33	4.95	1.69	…	0.47
4	10.62	13.12	12.80	3.02	5.95	5.23	9.76	5.39	3.68	…	1.15
5	10.01	4.65	13.47	3.08	5.54	8.68	10.87	5.06	3.65	…	0.33
6	9.27	11.53	12.31	3.29	6.10	7.23	7.92	5.46	2.59	…	0.21
7	5.05	7.05	14.47	2.83	4.77	5.86	10.32	4.44	2.37	…	0.94
8	13.31	11.80	30.57	2.43	4.23	8.86	23.15	4.37	1.24	…	0.50
9	4.83	8.92	10.85	2.38	4.11	6.19	11.18	4.72	2.67	…	1.02
⋮	⋮	⋮	⋮	⋮	⋮	⋮	⋮	⋮	⋮	…	
72	8.00	30.81	36.80	36.99	20.15	25.20	18.77	58.13	15.70	…	15.13

注 *F*1, *F*2, …, *B*5表示服装压力测量点，具体位置请参阅图5-9（a）。该表的完整数据请参阅附录2。

5.3.5 服装合体性评估模型的验证

实验Ⅰ和Ⅱ所收集的数据用于验证基于朴素贝叶斯、决策树C4.5以及BP神经网络的服装合体性评估模型的预测精度。表5-4和表5-5分别是输出型和输入型训练数据，基于机器学习的服装合体性评估模型以有监督学习的方式从这两个表的两类数据中学习之后，可以对一个合体性未知的服装进行合体性状况的自动预测。本节给出由决策树C4.5算法生成决策规则的一个应用实例，其他机器学习算法对裤装的合体性预测方法类似。图5-10中的决策树可以进一步解释如下：与服装合体性状况最相关的压力测量点是*F*4，该部位对应人体的侧腰和侧臀部位；其次是压力测量点*F*1和*F*7，这两个部位对应人体的前腰和裆部；最后是压力测量点*B*2和*B*3，这两个部位对应人体的后腰和臀部。通过图5-10中的决策树可以抽取7个决策规则用于预测服装的合体性状况：

IF $F4 > 6.45$ AND $F1 > 26.93$, THEN $FL = fl_5$（非常紧的）;

IF $F4 > 6.45$ AND $F1 \leqslant 26.93$, THEN $FL = fl_4$（紧的）;

IF $F4 \leqslant 6.45$ AND $F7 > 23.73$ AND $B3 > 5.81$, THEN $FL = fl_3$（正常的）;

IF $F4 \leqslant 2.89$ AND $F7 > 23.73$ AND $B3 \leqslant 5.81$, THEN $FL = fl_3$（正常的）;

IF $F4 \leqslant 2.89$ AND $F7 \leqslant 23.73$ AND $B2 > 17.95$, THEN $FL = fl_2$（松的）;

IF $F4 \leqslant 2.89$ AND $F7 \leqslant 23.73$ AND $B2 \leqslant 17.95$, THEN $FL = fl_1$（非常松的）;

IF $2.89 < F4 \leqslant 6.45$ AND $F7 > 23.73$ AND $B3 \leqslant 5.81$, THEN $FL = fl_2$（松的）。

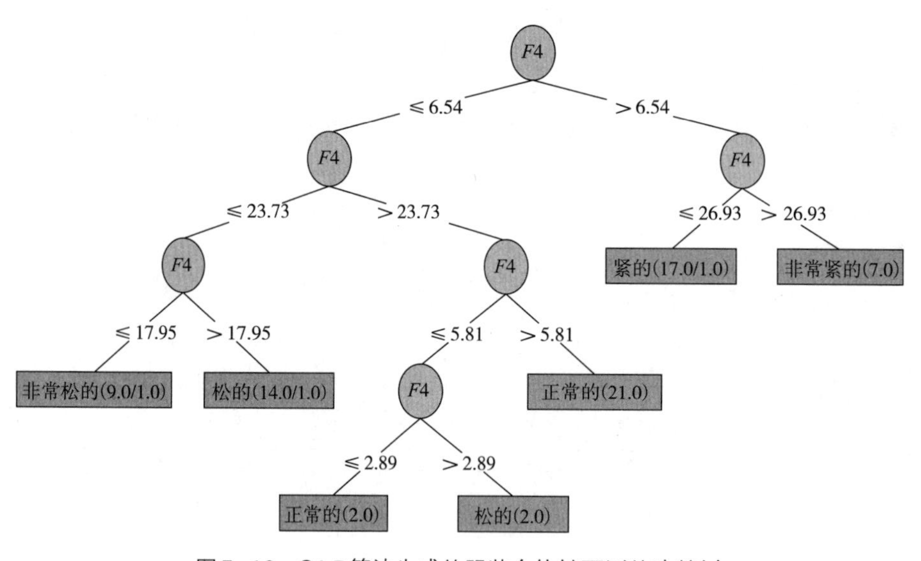

图5-10　C4.5算法生成的服装合体性预测的决策树

从上述服装合体性状况的判断规则可以看出，使用决策树对服装合体性状况进行预测是非常简单和直观的。上述判断规则与专家的评估结果也较一致。

由于实验Ⅰ和实验Ⅱ所获取的样本数量较少，为了得到一个较为合理且可靠的验证结果，本书采用*K*折交叉检验法测试模型的预测精度。*K*折交叉检验的大致思想如下：将总体样本数据分为*K*份子样本，每次从中选取一份子样本作为验证数据，余下的K–1份子样本作为训练数据，计算出当前错误率，重复K次（每份子样本都曾当且仅当一次被选作验证数据样本），将K次错误率平均后得到一个总体的错误率，最后通过总体错误率估计模型的预测精确度。K折交叉验证结果表明使用BP神经网络构建的服装合体性评估模型具有最高的预测精度，其次是决策树C4.5算法，最后是朴素贝叶斯（表5–6）。总体而言，无论是朴素贝叶斯、决策树C4.5还是BP神经网络都具有较好的预测精度，即使是预测精度最低的朴素贝叶斯也超过了80%的准确率。显然，基于机器学习的服装合体性评估模型较传统服装合体性评估方法要更精确（传统方法预测精度＜50%[203–205]）。

表5–6　基于机器学习的方法与传统方法预测精度比较

服装合体性评估方法		预测精度
基于机器学习的方法	朴素贝叶斯	80.6%
	决策树C4.5	81.9%
	BP神经网络	83.3%
传统的方法	—	小于50%

注　该预测精度是通过K折法交叉验证所得（K = 10）。

5.4　讨论

5.4.1　真实服装压力与数字化服装压力之间的差异对合体性预测结果的影响

章节1.2.3中已论述了依据服装与人体之间的放松量并不能有效地评估服装的合体性。在这种情况下，需要选择能够准确地反映服装合体性状况的更可靠指标。服装的合体性与人体尺寸、面料性能以及服装款式等密切相关，而这些参数的变化都能通过服装压力分布显示出来[118]。因此，基于机器学习的服装合体性评估技术在裤装合体性预测的实际应用中选择服装压力作为预测指标。服装压力可分为真实服装压力和数字化服装压力。测量真实服装压力需要制作出成品服装并由真人试穿，然后使用仪器进行测量，而数字化服装压力则可以通过目前商业化的3D虚拟试穿软件轻易获取[61-62]。研究表明，数字化服装压力能够较准确地反映服装合体性和舒适性[61, 113]。为了避免制作真实的裤装样衣，数字化服装压力被选作反映裤装合体性的一个关键指标，用以构建基于机器学习的裤装合体性评估模型。实际应用表明，使用数字化服装压力评估服装合体性比使用放松量更有效，前者不但适用于宽松服装也适用于紧身服装，而后者只适用于宽松服装。

研究表明，数字化服装压力和真实服装压力之间不但存在相同的压力变化趋势[61-62, 117, 206-208]，而且在一定范围内两者的数值也较接近。例如，当试穿者感觉某个部位较紧时，该部位的真实压力和数字化服装压力都会相对较高，反之亦然。基于机器学习的服装合体性评估模型的构建、训练和预测阶段都是应用数字化服装压力，并未涉及任何真实服装压力。因此，即使真实服装压力和数字化服装压力两者之间存在一定的差异，只要模型训练和模型预测在同一个参考系中，该模型的预测精度则不会受到任何影响。

5.4.2 基于机器学习的服装合体性评估模型的输入项和输出项设置

在章节5.3所提出的基于机器学习的服装合体性评估技术的应用实例中，裤装合体性预测模型的输入项是静止状态下的数字化服装压力。进一步的研究可以测量一系列动态服装压力作为评估指标，预测服装的合体性，即将静止状态下的数字化服装压力转化为具有时间序列特征的动态服装压力，所有动态压力可以当作基于机器学习的服装合体性评估模型的输入变量，输出变量依旧是服装合体性状况的预测结果。在这种情况下，该模型的预测精确度有望进一步提高。此外，基于机器学习的服装合体性评估技术的输入项不仅限于数字化服装压力。本章只是将数字化服装压力作为一个应用实例，用以说明基于机器学习的服装合体性评估模型的应用方法。该技术的进一步的应用研究可以将模型输入项设置为多个反映服装合体性状况指标的综合，如服装款式、服装纸样、面料机械性能参数和人体尺寸等共同作为模型的输入项。

在章节5.3所提出的基于机器学习的服装合体性评估技术的应用实例中，裤装合体性预测模型的输出项是合体性状况预测的五个等级（非常紧的、紧的、正常的、松的、非常松的）。该输出项只对服装合体性状况进行一个整体评估，而实际上不同部位的合体状况可能不同。运用章节5.2中所提出的基于机器学习的服装合体性评估的方法和原理，可以进一步将服装合体性状况划分得更为具体，如腰部合体性状况、腿部合体性状况、裆部合体性状况等。在这种情况下，预测的结果更有利于服装产品的优化，以及提供更为详细的服装合体性信息供客户参考。

5.4.3 基于机器学习的服装合体性评估模型中人体尺寸因素

基于机器学习的服装合体性评估技术在应用过程中需要提供人体尺寸的具体数据。目前，存在两种方式获取人体尺寸：皮尺手工测量和三维人体扫描仪自动测量。前者操作简单、成本低，但尺寸准确度不高且测量部位有限[209]；后者测量过程较快、尺寸精确度高且可以同时测量多个部位，但测量的前期准备工作较复杂且设备采购成本高[165]。笔者建议如果条件允许尽量采用三维人体扫描仪收集人体尺寸数据。人体的几个主要部位尺寸显著影响服装的合体性，在服装合体性评估中这些尺寸为必要尺寸。对于上装，客户需要提供的必要尺寸是臂长、肩宽、领围、腰围、胸围和臀围；对于下装，客户需要提供的必要尺寸是腰围、臀围和身高（图 5-11）。

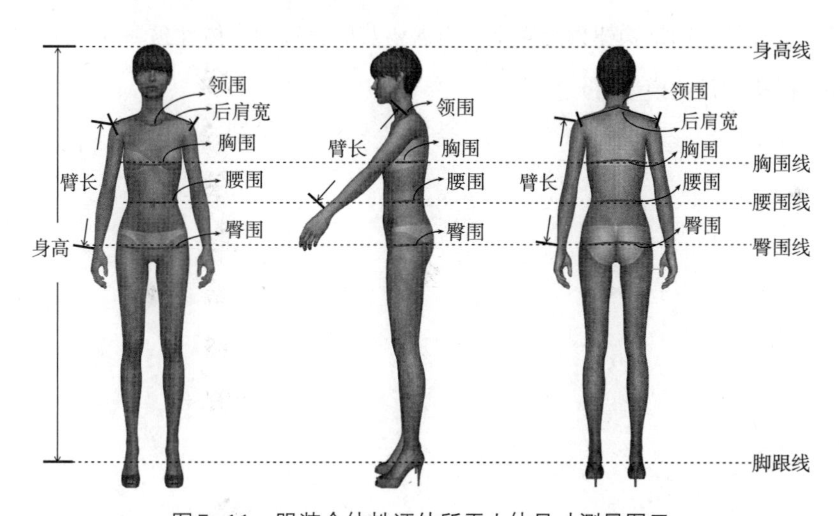

图 5-11 服装合体性评估所需人体尺寸测量图示

5.5 小结

本章通过使用机器学习算法——朴素贝叶斯、决策树 C4.5 和 BP 神经网络构建了服装合体性评估的数学模型，在此基础上选用裤子的合体性评估作为基于机器学习的服装合体性评估技术的一个应用实例，运用K折交叉检验验证了模型的预测精度，实现了无需真实试穿即可快速地评估服装合体性的目的。与传统的服装合体性评估方法相比，基于机器学习的服装合体性评估方法具有以下两个优点。

（1）基于机器学习的服装合体性评估技术无需操作者具备服装合体性评估知识且无需真实试穿就可以快速、自动地预测服装的合体性。

（2）基于机器学习的服装合体性评估技术对服装合体性的预测精度会随着训练样本数量的增加和样本质量的改善而不断地提高，即合体性的预测精度不取决于人的因素，而取决于样本自身的特性，足够多的训练样本数量和足够高的样本可靠性可以使得模型的预测精度逼近100%。

正因为基于机器学习的服装合体性评估技术拥有诸多优点，使其能够有望在未来广泛应用于服装企业。在具体实际应用中，当学习样本数据较少且企业规模较小时，可以选择贝叶斯分类器和决策树构建预测模型；当学习样本数量较多且企业规模较大时，可以选择神经网络构建预测模型；当需要获取直观的合体性预测规则时，则可以选用决策树构建预测模型。

第6章

服装智能设计与合体性评估系统的应用

》》 第3章至第5章论述了在缺乏经验知识的前提下如何有效地开发服装纸样和评估纸样的合体性问题。本章通过整合第3章所提出的服装款式与服装结构关联设计技术GFPADT（Garment Flat and Pattern Associated Design Technology）、第4章所提出的3D交互式服装纸样开发技术3DIGPMT（Three Dimensional Interactive Garment Pattern Making Technology）以及第5章所提出的基于机器学习的服装合体性评估技术MLBGFET（Machine Learning-Based Garment Fit Evaluation Technology），提出了四个服装智能设计与合体性评估系统的应用实例，为目前服装产品开发中所面临的对经验知识依赖度过高的问题提供一系列可行的解决方案，提升了服装企业在产品开发过程中的自动化和智能化程度。

6.1 服装智能设计与合体性评估系统应用的基本方案

本章提出四个服装智能设计与合体性评估系统的应用实例，如图6-1所示。

应用实例1：服装智能批量生产纸样开发系统。该应用实例主要是在第3章所提出的服装款式与服装结构关联设计技术和第5章所提出的基于机器学习的服装合体性评估技术的基础上，针对标准体型人群，快速地开发服装产品。

应用实例2：服装智能量身定制纸样开发系统。该应用实例主要是在第4章所提出的3D交互式服装纸样开发技术和第5章所提的基于机器学习的服装合体性评估技术的基础上，针对客户差异化需求，快速地开发个性化的服装产品。

应用实例3：服装智能大规模定制纸样开发系统。该应用实例主要是在第3章所提出的服装款式与服装结构关联设计技术、第4章所提出的3D交互式服装纸样开发技术，以及第5章所提出的基于机器学习的服装合体性评估技术的基础上，针对大量客户，快速地开发个性化服装产品。

应用实例4：网购服装智能合体性评估系统。该应用实例主要是在第5章所提出的基于机器学习的服装合体性评估技术的基础上，实现在无需真实试穿的情况下，评估网购服装的合体性。

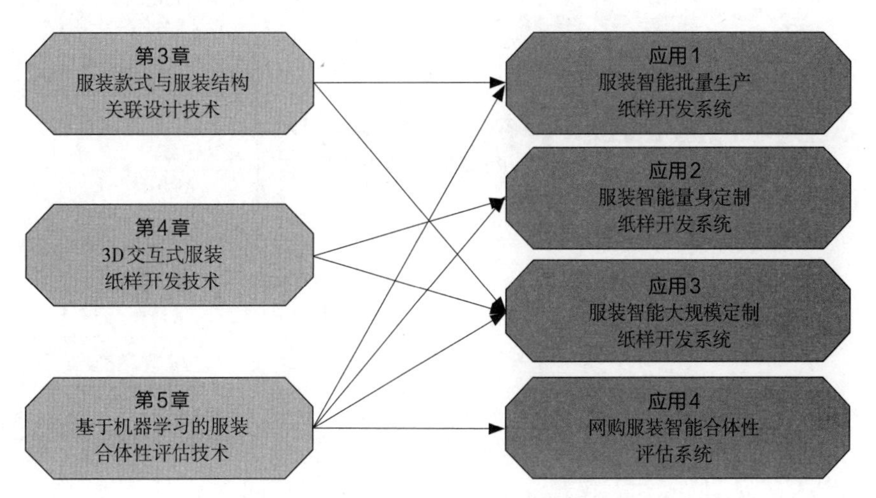

图6–1　服装智能设计与合体性评估系统的应用

6.2 服装智能设计与合体性评估系统的四个基本应用

6.2.1　服装智能设计与合体性评估系统在服装批量生产上的应用

目前，服装批量生产模式依然是大多数服装企业的主要生产方式。通过结合第3章所提出的服装款式与服装结构关联设计技术，以及第5章所提出的基于机器学习的服装合体性评估技术，本章提出一套批量生产服装产品开发的解决方案，帮助设计人员快速地开发符合标准人体尺寸的服装产品。

服装智能批量生产纸样开发系统描述如图6–2所示。首先，制板师依据标准人体体型的尺寸和款式设计要求，应用服装款式与服装结构关联设计技术自动生成服装的款式图和结构图；然后，使用图5–9所示的方法测量数字化服装压力；最后，将测量所得的数字化服装压力输入服装合体性评估模型，该模型自动预测服装的合体性。如果预测结果显示为合体，则可将纸样交付生产部门进行生产；如果预测结果显示不合体，则重新调整纸样尺寸，并按前述的步骤再次评估纸样的合体性。以此类推，直到评估结果显示为合体为止。

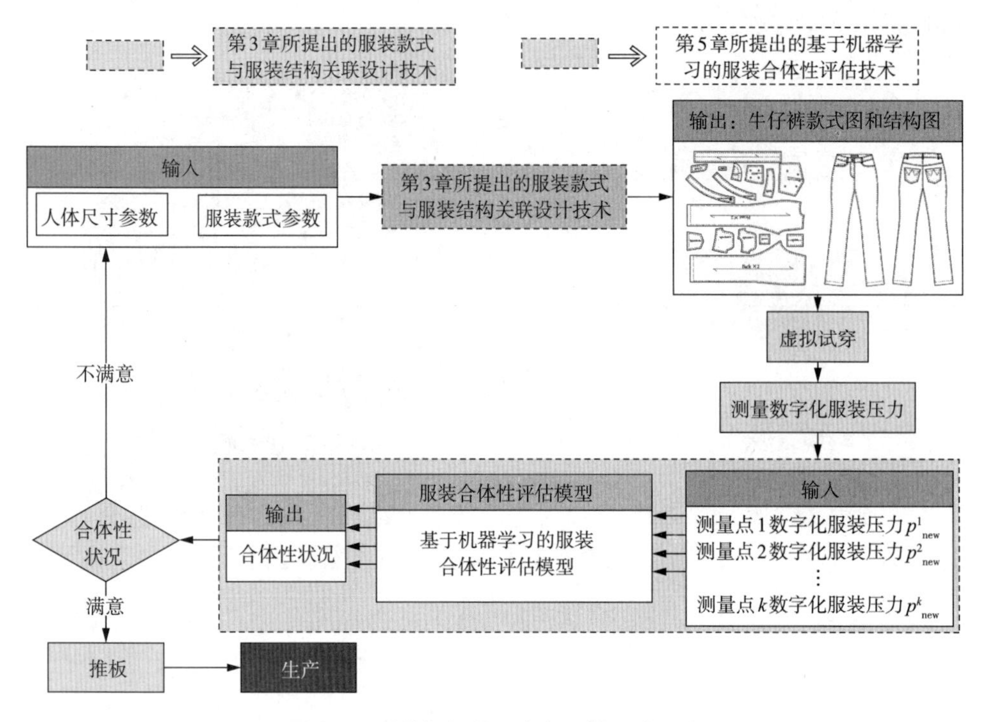

图6-2　服装智能批量生产纸样开发系统

图6-3中比较了服装智能批量生产与传统的服装批量生产所用的纸样开发方法之间的异同点，两者主要的不同点在于款式设计时间、纸样开发时间以及真实

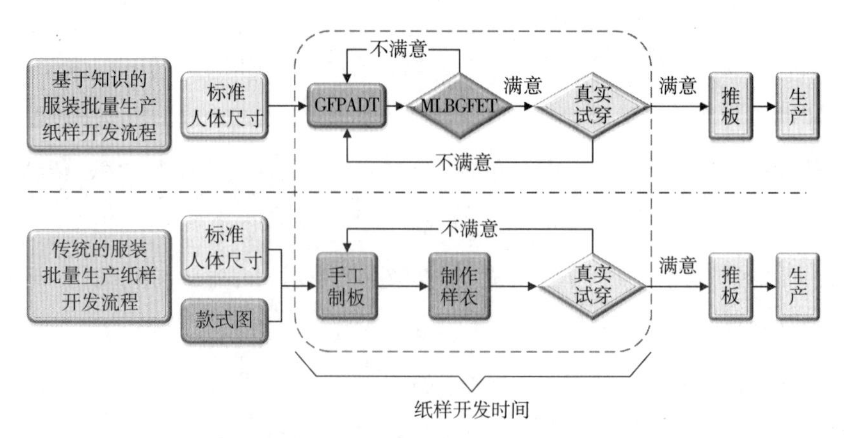

图6-3　基于知识与传统的服装批量生产纸样开发流程对比

试穿次数。裤装的纸样开发测试表明：智能裤子批量生产方法较传统裤子批量生产方法有明显优势，其中款式设计时间从0.5h缩短到0.1h，纸样开发时间从5h缩短到3.5h，在纸样开发中检验服装合体性所需的真实试穿次数从7次缩短到4次（表6-1）。

表6-1　裤子批量生产纸样开发不同方法的比较

批量生产纸样开发方法	款式设计时间/h	纸样开发时间/h	真实试穿/次
基于知识的方法	0.1	3.5	4
传统的方法	0.5	5	7

注　该对比仅限于批量生产中裤子的纸样开发。

6.2.2　服装智能设计与合体性评估系统在服装量身定制上的应用

目前，量身定制对于一些特定客户群依然颇受欢迎，该种服装生产模式最大的优点是可充分满足客户的个性化需求[210]。但对于普通消费者而言，量身定制服装的价格显然超出他们的承受范围，导致这种情况的主要原因有两个：一是个性化服装的开发需要单独制作纸样；二是需要反复制作样衣，并评估其合体性。本章通过结合第3章所提出的3D交互式服装纸样开发技术和第5章所提出的基于机器学习的服装合体性评估技术，提出一套量身定制服装产品开发的解决方案，帮助设计人员根据不同的客户体型和需求快速地开发个性化的服装产品。

基于知识的服装量身定制纸样开发系统描述如图6-4所示：首先，设计师依据客户要求设计服装款式图，并调整参数化3D人体模型使之与客户体型尺寸相同；其次，使用第4章所提出的3D交互式服装纸样开发技术在3D人体模型上开发服装纸样（图6-4中黄色部分）；再次，将所开发的服装纸样虚拟试穿到3D人体模型上，使用图5-9所示的方法测量数字化服装压力数据；最后，将测量所得的数字化服装压力数据输入服装合体性评估模型，该模型将自动预测服装的合体性（图6-4红色部分）。如果预测结果显示为合体，则纸样发送到生产部门进行生产；如果预测结果显示为不合体，则重新调整纸样尺寸并按前面所描述的步骤再次评估调整后的纸样合体性。依此类推，直到评估结果达到客户满意为止。

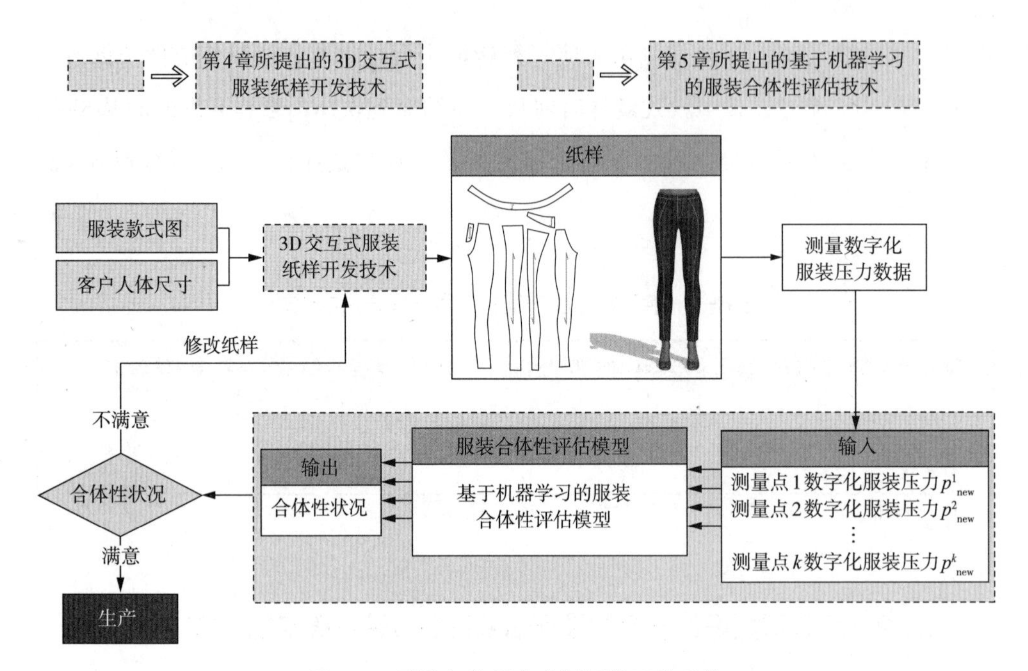

图6-4　服装智能量身定制纸样开发系统

图6-5比较了服装智能量身定制与传统的服装量身定制所用的纸样开发方法之间的异同点，两者主要不同点在于3D人体模型调整时间、纸样开发时间以及真实试穿的次数。裤装的纸样开发测试表明：智能裤子量身定制方法较传统方法有显著优势，其中3D参数化人体模型的调整时间虽然比传统方法多出0.5h（传统方法无需使用3D人体模型），但是纸样开发时间则从7h缩短至4.5h，在纸样开发中检验服装合体性所需的真实试穿次数从7次减少到4次（表6-2）。

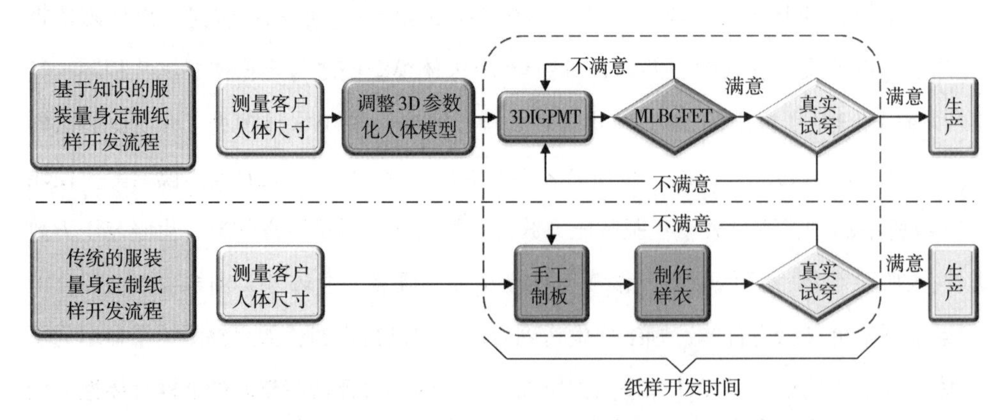

图6-5　服装智能量身定制与传统服装量身定制纸样开发流程对比

表6-2 裤子量身定制纸样开发不同方法的比较

量身定制纸样开发方法	3D人体模型调整时间/h	纸样开发时间/h	真实试穿/次
基于知识的方法	0.5	4.5	4
传统的方法	0	7	7

注 该对比仅限于量身定制中裤子的纸样开发。

6.2.3 服装智能设计与合体性评估系统在服装大规模定制上的应用

随着社会经济的发展，人们对服装的个性化要求越来越高[5]，因此，出现了一种新型服装生产模式——大规模定制。大规模定制整合了量身定制和批量生产两方面的优点，在满足客户个性化需求的同时又对服装进行批量生产。研究表明，大规模定制将在服装工业化生产中起着越来越重要的作用[211]。然而，目前服装大规模定制面临着两个突出问题：一是大批量的个性化服装纸样开发难度大、周期长；二是合体性评估成本高。通过结合第3章所提出的服装款式与服装结构关联设计技术、第4章所提出的3D交互式服装纸样开发技术以及第5章所提出的基于机器学习的服装合体性评估技术，本章提出一套能够较好地处理上述服装大规模定制所面临问题的解决方案，帮助服装产品开发人员快速地开发和评估大规模定制的服装产品。

服装智能大规模定制系统描述如图6-6所示。首先，制板师将客户的尺寸以及客户对款式的要求输入服装款式与服装结构关联设计系统；接着，该系统自动生成服装款式图和结构图；最后，使用图5-9中给出的方法测量数字化服装压力，将测得的数字化服装压力输入服装合体性评估模型，该模型将自动预测服装的合体性。如果预测结果显示为合体，则将纸样发送到生产部门进行生产；如果预测结果显示为不合体，则重新调整纸样尺寸，然后按前面所描述的步骤再次评估调整后纸样的合体性。依此类推，直到评估结果满足客户要求为止（图6-6）。

图6-7比较了服装智能大规模定制与传统的服装大规模定制所用的纸样开发方法之间的异同点，两者主要不同点在于款式设计时间、纸样开发时间以及真实试穿次数。裤装的纸样开发测试表明：基于知识的裤子大规模定制与传统的裤子大规模定制两者在产品开发时间上大体相当，其中款式设计时间从0.5h缩短至0.1h，3D人体模型调整时间多出0.5h，两者的纸样开发时间都是2.5h，而检验服装合体性所需的真实

试穿次数从4次减少到2次（表6-3）。越少的真实试穿次数，意味着越低的产品开发成本。

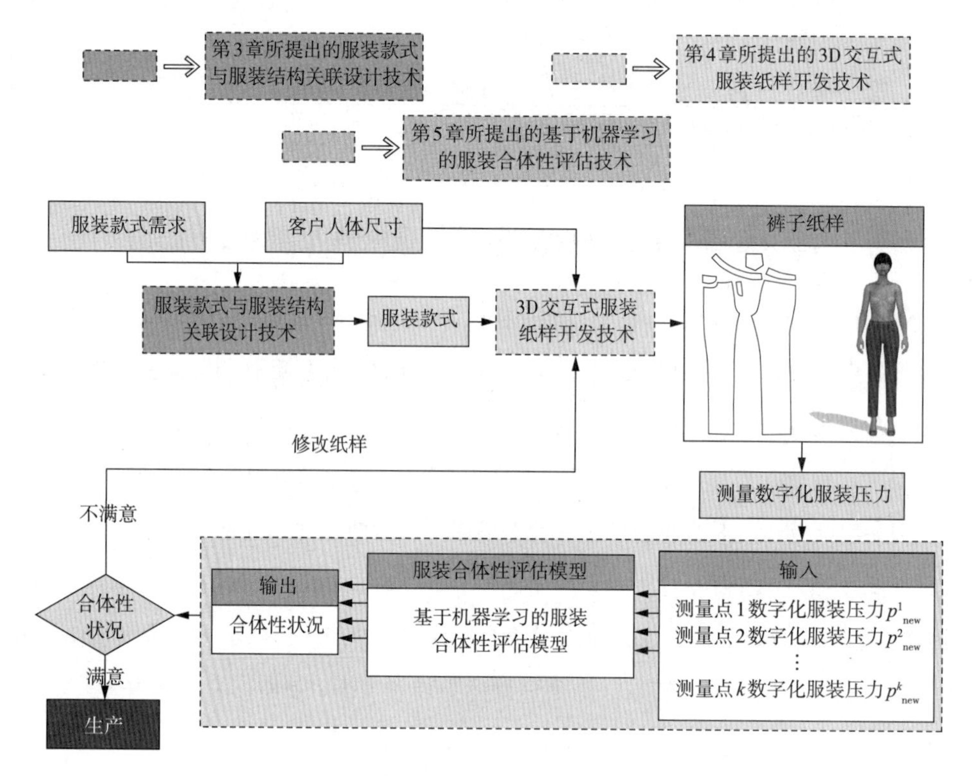

图6-6　服装智能大规模定制纸样开发系统

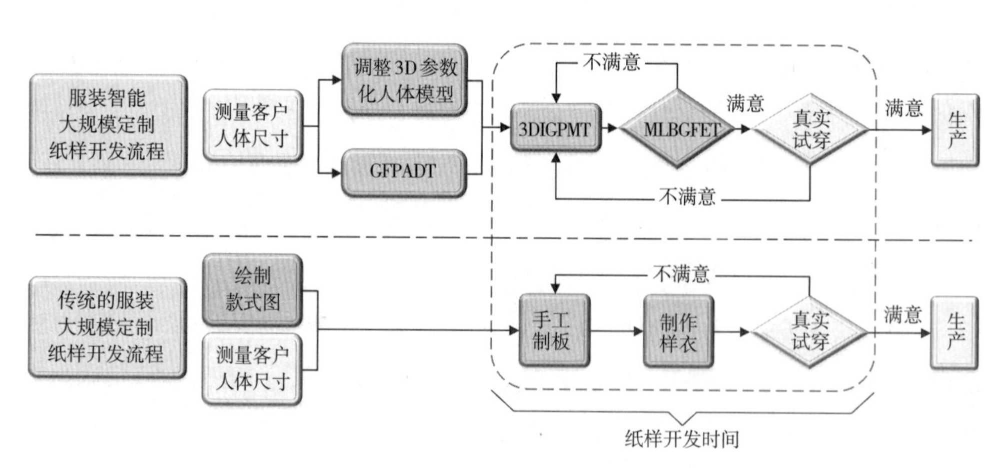

图6-7　服装智能大规模定制与传统的服装大规模定制纸样开发流程对比

表6-3　裤子大规模定制纸样开发不同方法的比较

量身定制纸样开发方法	款式设计时间/h	3D人体模型调整时间/h	纸样开发时间/h	真实试穿次数/次
基于知识的方法	0.1	0.5	2.5	2
传统的方法	0.5	0	2.5	4

注　该对比仅限于大规模定制中裤子的纸样开发。

6.2.4　服装智能设计与合体性评估系统在服装电子商务上的应用

研究表明，超过50%的消费者对服装的合体性不满意[203-205]。目前，越来越多的人趋向于在网上购买服装[212]，而网购服装的合体性直接影响销售过程中消费者的购买决定[213-215]。在实体店中，消费者可以通过试穿直接评估服装是否合体，而网购服装并不能真实地试穿[216-217]，客户或销售服务人员只能依据个人经验粗略地判断服装的合体性，该方法对评估者个人相关的知识水平要求高且受主观因素影响较多，评估的准确性波动较大，这就导致了较高的退货率和换货率[218-219]。此外，服装电子商务公司在短时间内有成百上千件服装完成交易，如果运用传统方法对每一件服装进行人工合体性评估，则成本高、周期长。如何评估服装的合体性已成为服装网络销售中所面临的一个瓶颈问题[219]。

依据第5章中所提出的服装智能合体性评估技术，图6-8所示的服装智能合体性评估为服装网络销售中所面临的合体性评估问题提供一套有效的解决方案。首先，测量客户人体尺寸，根据客户人体尺寸调整参数化人体模型；其次，依据客户人体尺寸和所选的服装款式，搜索该款式所对应的纸样；最后，通过虚拟试穿的方式测量数字化服装压力数据，将收集的数字化服装压力数据输入图6-8中的服装合体性评估模型，该模型则自动预测服装的合体性。如果预测结果显示为合体，则推荐客户购买该号型服装；如果预测结果显示为不合体，则重新换一个号型并按前面所描述的步骤再次评估新号型服装的合体性。

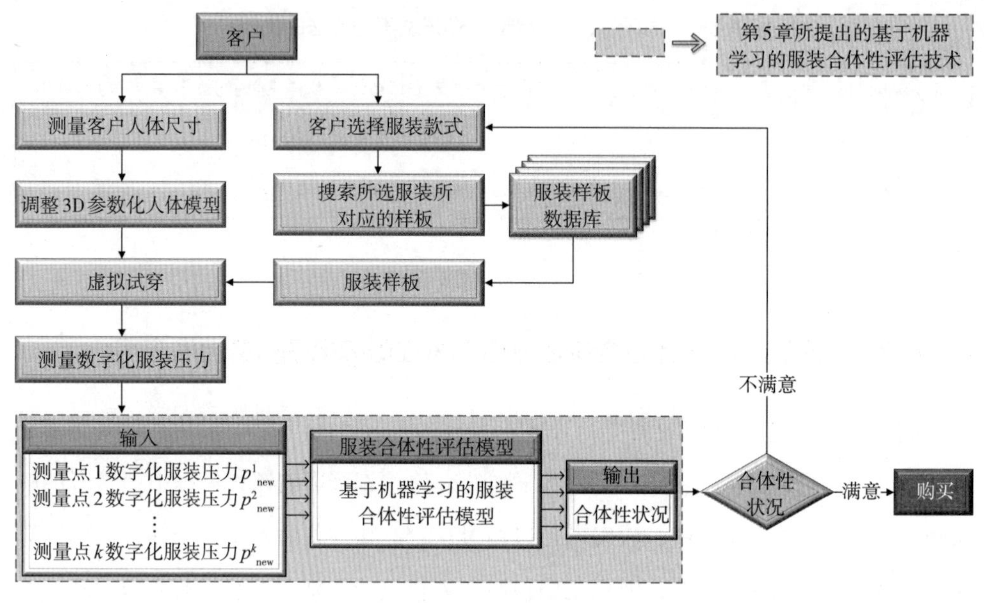

图6-8　网购服装智能合体性评估系统

6.3　讨论

服装智能设计与合体性评估方法和传统的服装设计与合体性评估方法之间最大的区别在于：前者构建知识模型，然后直接调用知识模型供产品开发人员使用；而后者则是依靠设计师的个人经验和知识进行设计，外人则无法调用。正因如此，传统服装设计与合体性评估方法不易传播，需要设计师个人在实践中不断地积累和探索，少数几个关键人物直接决定了服装产品开发的成败。本章中四个服装智能设计与合体性评估的应用表明，无论使用者是否具备相关的设计知识都可以在该系统的辅助下开发和评估服装产品。服装智能设计与评估避免了人为因素对服装产品开发的影响，使设计师将更多的精力投入服装产品开发中创意部分的构思，而非生产技术的操作，解除了技术因素对设计师的束缚。

上述分析表明，服装智能设计与合体性评估其实就是对服装设计知识的抽取、表达和应用过程。该技术可以显著降低服装产品开发的难度，提升设计的效率和产品的质量，减少设计人员的数量，最终降低服装产品开发的成本。

6.4 小结

本章整合了第3章所提出的服装款式与服装结构关联设计技术、第4章所提出的3D交互式服装纸样开发技术和第5章所提出的基于机器学习的服装合体性评估技术，在此基础上，针对目前服装设计过程中过度依赖设计师的经验知识的问题，提出了四个服装智能设计与合体性评估的解决方案，优化了当前批量生产、量身定制、大规模定制及服装网络销售中的服装产品开发和合体性评估流程，初步实现了服装设计过程的自动化和智能化。本章所提出的四个服装智能设计与合体性评估系统的基本应用涵盖了大部分服装企业的生产模式，应用结果表明：服装设计与合体性评估所需的专家知识同样也可以较好地通过计算机实现建模。随着国家智能制造战略的推进，服装智能设计与合体性评估技术将为服装设计领域中的智能制造提供一定的理论支撑。

第7章

结论与展望

7.1 结论

本书以知识建模为核心思路，以传统计算工具——线性模型和机器学习算法——贝叶斯分类器、决策树、人工神经网络等作为理论基础，展开了智能化的服装设计与合体性评估系统的构建。本书首先从当前服装企业在设计与生产中所面临的对设计师依赖度过高和设计效率低下这两大问题入手，进而提出了服装款式与服装结构关联设计技术、3D交互式服装纸样开发技术以及基于机器学习的服装合体性评估技术。最后，通过整合上述三项技术构建了服装智能设计与合体性评估系统，为服装企业在产品开发阶段实现智能制造提供了一系列可行的解决方案。本书的结论可概括为以下三个方面。

7.1.1.1 服装款式与服装结构关联设计方面

（1）人体尺寸数据的因子分析表明，高度因子和围度因子对人体下体尺寸的累计贡献率达到85.86%，其中身高与高度方向上的其他尺寸有显著相关性，腰围和臀围与围度方向上的其他尺寸有显著相关性。进一步验证了身高、腰围和臀围作为下装设计的主要尺寸的合理性。

（2）服装的款式图和其结构图在尺寸上存在一定的对应关系。在计算机图形学绘制过程中，服装款式图尺寸可以由其结构图按照一定的比例推算出来，反之则较难实现。

（3）服装款式设计通常属于艺术设计范畴，而服装结构设计通常属于工程设计范畴。服装款式与服装结构关联设计技术将艺术设计和工程设计在服装领域巧妙地整合在一起，这种新颖的设计方法也可以应用于其他设计领域，为这些领域的设计人员提供新的设计思路。

7.1.1.2 3D交互式服装纸样开发方面

（1）通过调整3D参数化人体模型的尺寸，使其等于真实人体尺寸加上设计所需的放松量，然后在调整后的人体模型上设计无放松量的服装，该服装对于真实人体已包含了特定的放松量。此方法较好地解决了3D纸样开发中放松量的精确设置问题。

（2）虽然基于款式图的3D服装建模方法所构建的3D服装模型在廓型上能够满足3D纸样开发的要求，但是在细节上仍无法完全达到3D纸样开发的要求，需进行少量调整。

（3）若在3D服装建模和纸样后处理阶段综合考虑面料的物理和机械性能，则在3D到2D的曲面展开阶段可以将服装模型当刚体处理。该方法较好地解决了目前3D纸样开发中面料性能对纸样设计的影响问题。

7.1.1.3 服装合体性评估方面

（1）基于机器学习的服装合体性评估模型需要从大量的实验数据中持续地学习，模型在自我学习中不断地总结知识和规律，则在应用阶段无需专家参与和真实试穿就可以准确、快速地评估服装的合体性。

（2）基于机器学习的服装合体性评估方法能够较好地预测服装的合体性。在裤装合体性评估的应用实例中，选择数字化服装压力作为预测指标，结果显示无论是使用朴素贝叶斯、决策树C4.5还是BP神经网格，其预测精度都达到80%以上。

（3）在基于机器学习的服装合体性评估技术应用阶段，当学习样本数据较少且企业规模较小时，可以选择贝叶斯分类器和决策树构建预测模型；当学习样本数量较多且企业规模较大时，可以选择神经网络构建预测模型；当需要获取较直观的合体性预测规则时，则可以选用决策树构建预测模型。

7.2 创新点

（1）首次提出了一种服装款式与服装结构关联设计的新方法，创造性地赋予服装款式图以人体尺寸，构建了服装款式、服装结构与人体之间的数学关系模型，整合了服装款式设计与结构设计，在此基础上开发了一款牛仔裤款式与结构关联设计系统，通过输入人体尺寸和服装款式参数，该系统可以自动生成牛仔裤款式图和其结构图，有效地解决了服装款式图与服装结构图之间匹配难所导致的设计师与制板师之间反复沟通的问题，为服装企业产品开发提供了全新的设计思路。

（2）通过整合2D到3D的虚拟试穿技术以及3D到2D的纸样展开技术，提出一种新颖的3D交互式服装纸样开发方法，通过人机交互的方式摒弃了传统服装纸样开发中基于经验的烦琐计算，由于直接将服装放松量添加到3D人体模型上以及采用服装款式图通过虚拟试穿的方式构建3D服装模型，使3D服装曲面在展开过程中无需涉及服装放松量、面料机械和物理性能等，显著提升了服装纸样的展开精度，为服装企业产品开发中纸样设计提供了便捷的方法。在实际应用过程中，操作者无需具有纸样开发的知识且无需反复试样就可以开发出合体性较好的个性化服装纸样，降低了纸样开发的难度，显著提升了纸样开发的效率。

（3）首次提出了一种基于机器学习的服装合体性评估方法，通过使用机器学习算法朴素贝叶斯、决策树C4.5及BP神经网络，构建了一个输入项是反映服装合体性状况的指标数据，输出项是反映服装是否合体的数学模型，采用从虚拟试穿所获取的数字化服装压力数据和真实试穿所获取的服装合体性评估数据共同训练该模型，运用K折交叉验证法分析了该模型的预测精度，实现了无需真实试穿且无需操作者具备合体性评估知识就可以快速、准确地预测服装的合体性，对目前服装合体性评估效率低，以及需要真实试穿等难题的解决提供了一定的参考。

7.3 研究内容的局限与展望

笔者的研究内容为服装设计以及合体性评估提供了一定的理论依据，但鉴于知识层面和研究条件的限制，为进一步完善研究内容，后期还需进行以下方面的探索：

（1）此次在服装款式与服装结构关联设计技术的应用实例中采用一元线性回归近似地构建牛仔裤款式图、结构图与人体之间的数学关系模型，但由于三者之间并不完全是线性关系，因此进一步的应用研究可以用其他非线性模型，如人工神经网络等，构建它们之间的关系。此外，本书用于构建服装款式与服装结构关联设计模型的人体尺寸数据均采集于某一特定地区，后续的研究可以针对不同的客户群体，采集不同的人体尺寸数据，然后用该数据构建服装款式与服装结构关联设计模型，最终所设计的服装产品将更具有针对性。

（2）此次所提出的3D交互式服装纸样开发技术对复杂的服装款式，特别是包含大量褶皱的服装纸样开发还较难实现。此外，3D交互式服装纸样开发技术的应用并不仅限于人的服装纸样开发，同样也可适用于宠物服装、布偶服装等的纸样开发。进一步的研究可以从上述两方面入手。

（3）此次所提出的基于机器学习的服装合体性评估技术的应用尚不深入，仅举例说明了裤装的合体性预测方案，在该方案中模型输入项是静止状态下的数字化服装压力，模型输出项是合体性状况预测的五个等级。进一步的应用可以测量一系列动态的服装压力，将具有时间序列特征的动态服装压力作为模型的输入项，或将模型输入项设置为多个反映服装合体性状况指标的综合，如服装款式、服装纸样、面料机械性能参数和人体尺寸等综合作为模型的输入项。模型的输出项可以设置为人体不同部位的合体性状况，如腰部合体性状况、腿部合体性状况、裆部合体性状况等。在这种情况下，基于机器学习的服装合体性评估模型的预测精度和可靠度有望进一步地提升。

参考文献

[1] 王琴. A服装贸易公司的营销策略研究[D]. 上海：东华大学，2016.

[2] SCOTT A J. The changing global geography of low-technology, labor-intensive industry: clothing, footwear, and furniture [J]. World Development, 2006, 34(9): 1517-1536.

[3] WICKRAMASINGHE G, PERERA A. Effect of total productive maintenance practices on manufacturing performance: investigation of textile and apparel manufacturing firms [J]. Journal of Manufacturing Technology Management, 2016, 27(5): 713-729.

[4] JIA G, WANG J, ZHANG R, et al. Red collar group in qingdao—high-end clothing customization service [M]. Singapore: Springer Singapore, 2016.

[5] 王建萍，李月丽，喻芳. 基于择近原则的服装号型数字化归档方法[J]. 纺织学报，2007，28(11)：106-110.

[6] 丛杉，张渭源. 数字技术在服装定制中的应用[J]. 东华大学学报(自然科学版)，2006，32(1)：125-130.

[7] 王志宏，祁国宁，顾新建，等. 面向服装大规模定制的供应链管理[J]. 纺织学报，2006，27(2)：117-120.

[8] 刘娟. 电子供应链下服装大规模定制的快速反应的研究[D]. 长沙：湖南师范大学，2008.

[9] MATOS A L C T D, VIVALDINI M. Product development: the supply chain management perspective [J]. International Journal of Business Innovation and Research, 2017, 13(1): 52.

[10] 林志堂. 以产品开发构建服装企业核心竞争力研究[D]. 北京：北京服装学院，2012.

[11] 章华霞. 论服装设计师与制版师的关系[J]. 天津纺织科技，2015(2)：49-50.

[12] 许铁超，丁永生. 服装合体性评价的研究方法与应用进展[J]. 纺织学报，2007，28(10)：127-130.

[13] LIU K, ZENG X, BRUNIAUX P, et al. Fit evaluation of virtual garment try-on by learning from digital pressure data [J]. Knowl-Based Syst, 2017, 133: 174-182.

[14] 陈晓玲，聂存云，李纳纳. 女上装合体性与舒适性的综合评价[J]. 纺织学报，2016，37(5)：117-123.

[15] 王建萍. 基于曲面造型技术的文胸结构设计研究[D]. 上海：东华大学，2007.

[16] 鲁虹. 服装感性设计的知识平台与应用研究[D]. 苏州：苏州大学，2010.

[17] CHEN X, TAO X, ZENG X, et al. Control and optimization of human perception on virtual garment products by learning from experimental data [J]. Knowl-Based System, 2015, 87: 92–101.

[18] HOPKINS J. Basics fashion design 05: fashion drawing [M]. Lausanne, Switzerland: AVA Publishing SA, 2009.

[19] ARMSTRONG H J. Patternmaking for fashion design [M]. 5th ed. New York: Pearson Higher Ed, 2011.

[20] 张文斌. 服装结构设计[M]. 北京：中国纺织出版社，2006.

[21] SINCLAIR R. Textiles and fashion: materials, design and technology [M]. Cambridge, the United Kingdom: Woodhead Publishing Limited, 2014.

[22] HOPKINS J. Fashion design: the complete guide [M]. Lausanne, Switzerland: AVA publishing SA, 2012.

[23] SUHNER A. Technical drawing for fashion design [M]. Amsterdam, Netherlands: Pepin Press, 2012.

[24] ROBSON C, MAHARIK R, SHEFFER A, et al. Context-aware garment modeling from sketches [J]. Comp Graph, 2011, 35(3): 604–613.

[25] SZKUTNICKA B. Flats: technical drawing for fashion [M]. London, the United Kingdom: Laurence King Publisher, 2010.

[26] TURQUIN E, CANI M–P, HUGHES J F. Sketching garments for virtual characters [C]// ACM SIGGRAPH 2007 courses, San Diego, California: ACM, 2007: 28–35.

[27] STECKER P. The fashion design manual [M]. South Yarra, Australian: Macmillan Education AU, 1996.

[28] JI Y A, AN J S, LIM K S, et al. An introduction to a garment technical drawing system and its DB construction methodology [J]. International Journal of Clothing Science and Technology, 2002, 14(3/4): 247–250.

[29] 王庆惠. 服装平面款式图在企业中的运用[J]. 山东纺织经济，2010(10): 90–91.

[30] 陈宇刚. 基于CorelDRAW软件的服装款式图表达技巧[J]. 天津纺织科技，2015(3)：36–37.

[31] 李继云，耿兆丰. 智能服装款式设计系统体系结构研究[J]. 东华大学学报(自然科学版)，2003, 29(1): 5–8.

[32] 钱素琴. 智能化服装款式设计系统的研究[D]. 上海：东华大学，2004.

[33] XU J, MOK P Y, YUEN C W M, et al. A web-based design support system for fashion technical sketches [J]. International Journal of Clothing Science and Technology, 2016, 28(1): 130–160.

[34] 钱素琴. 基于Web技术的服装款式图设计系统[J]. 计算机辅助设计与图形学学报, 2006, 18(6): 889–892.

[35] WAN X, MOK P Y, JIN X. Shape deformation using skeleton correspondences for realistic posed fashion flat creation [J]. IEEE Transactions on Automation Science and Engineering, 2014, 11(2): 409–420.

[36] LIU K, WANG J, KAMALHA E, et al. Construction of a body dimensions' prediction model for garment pattern making based on anthropometric data learning [J]. The Journal of the Textile Institute, 2017, 108(12): 2107–2114.

[37] 张文斌. 服装制版[M]. 上海: 东华大学出版社, 2014.

[38] 戴建国, 陈敏之, 何瑛. 立体裁剪及其适用性分析[J]. 纺织学报, 2006, 27(3): 117–120.

[39] 王银华. 关于服装立体裁剪技术的思考[J]. 科技资讯, 2008(14): 205.

[40] 姜川. 男上装样板自动生成系统[D]. 苏州: 苏州大学, 2008.

[41] 侯月玲. 智能化服装纸样设计方法的研究[D]. 天津: 天津工业大学, 2008.

[42] 顾品荧. 基于点云数据的基本款女西装样板生成系统研究[D]. 苏州: 苏州大学, 2015.

[43] 朱菊香. 基于规则与实例推理技术的裙装参数化设计研究[D]. 上海: 东华大学, 2009.

[44] 贝莎·斯库特尼卡. 英国服装款式图技法[M]. 北京: 中国纺织出版社, 2013.

[45] FUJII C, TAKATERA M, KIM K O. Effects of combinations of patternmaking methods and dress forms on garment appearance [J]. Autex Research Journal, 2017, 7(3): 277–286.

[46] 张文斌. 服装工艺学(结构设计分册)[M]. 3版. 北京: 中国纺织出版社, 2001.

[47] HINDS B, MCCARTNEY J, WOODS G. Pattern development for 3D surfaces [J]. Computer Aided Design, 1991, 23(8): 583–592.

[48] CALLADINE C R. Gaussian curvature and shell structures [J]. The Mathematics of Surfaces, 1986, 19–26.

[49] HEISEY F, BROWN P, JOHNSON R F. Three-dimensional pattern drafting: part Ⅰ: projection [J]. Textile Research Journal, 1990, 60(11): 690–696.

[50] OKABE H, IMAOKA H, TOMIHA T, et al. Three dimensional apparel CAD system

[C]// Proceedings of the 19th annual conference on computer graphics and interactive techniques. New York: ACM, 1992: 105–110.

[51] IN HWAN S, TAE JIN K. Interactive garment pattern design using virtual scissoring method [J]. International Journal of Clothing Science and Technology, 2006, 18(1): 31–42.

[52] KWANG-JIN C, HYEONG-SEOK K. Research problems in clothing simulation [J]. Computer Aided Design, 2005, 37(6): 585–592.

[53] LIU Y-J, ZHANG D-L, YUEN M M-F. A survey on CAD methods in 3D garment design [J]. Computers in Industry, 2010, 61(6): 576–593.

[54] ZHANG J, KIM K O, TAKATERA M. Three-dimensional garment-size change modeled considering vertical proportions [J]. International Journal of Clothing Science and Technology, 2017, 29(1): 84–95.

[55] RODEL H, SCHENK A, HERZBERG C, et al. Links between design, pattern development and fabric behaviours for clothes and technical textiles [J]. International Journal of Clothing Science and Technology, 2001, 13: 3–4.

[56] JEONG Y, HONG K, KIM S-J. 3D pattern construction and its application to tight-fitting garments for comfortable pressure sensation [J]. Fiber Polym, 2006, 7(2): 195–202.

[57] KIM S, JEONG Y, LEE Y, et al. 3D Pattern development of tight-fitting dress for an asymmetrical female manikin [J]. Fiber Polym, 2010, 11(1): 142–146.

[58] YUNCHU Y, WEIYUAN Z. Prototype garment pattern flattening based on individual 3D virtual dummy [J]. International Journal of Clothing Science and Technology, 2007, 19(5): 334–348.

[59] KIM C H, SUL I H, PARK C K, et al. Automatic basic garment pattern generation using three-dimensional measurements [J]. International Journal of Clothing Science and Technology, 2010, 22(2/3): 101–113.

[60] YANG Y, ZOU F, LI Z, et al. Development of a prototype pattern based on the 3D surface flattening method for MTM garment production [J]. Fibres and Textiles in Eastern Europe, 2011, 19(5): 107–111.

[61] LIU K, KAMALHA E, WANG J, et al. Optimization design of cycling clothes' patterns based on digital clothing pressures [J]. Fiber Polym, 2016, 17(9): 1522–1529.

[62] LIU K, WANG J, ZHU C, et al. Development of upper cycling clothes using 3D-to-2D flattening technology and evaluation of dynamic wear comfort from the aspect of clothing

pressure [J]. International Journal of Clothing Science and Technology, 2016, 28(6): 736–749.

[63] JIANPING W, WEIYUAN Z. Development of 3D female breast model library for bra design [J]. Journal of DongHua University, 2006, 23(5): 150–153.

[64] WANG J P, ZHANG W Y. An approach to predicting bra cup dart quantity in the 3D virtual environment [J]. International Journal of Clothing Science and Technologyl, 2007, 19(5): 361–373.

[65] WANG C C L, WANG Y, YUEN M M F. Feature based 3D garment design through 2D sketches [J]. Computer Aided Design, 2003, 35(7): 659–672.

[66] PETRAK S, ROGALE D, MANDEKIC-BOTTERI V. Systematic representation and application of a 3D computer-aided garment construction method: Part Ⅰ: 3D garment basic cut construction on a virtual body model [J]. International Journal of Clothing Science and Technology, 2006, 18(3): 179–187.

[67] PETRAK S, ROGALE D, MANDEKIC-BOTTERI V. Systematic representation and application of a 3D computer-aided garment construction method: Part Ⅱ: spatial transformation of 3D garment cut segments [J]. International Journal of Clothing Science and Technology, 2006, 18(3): 188–199.

[68] HUANG H Q, MOK P Y, KWOK Y L, et al. Block pattern generation: from parameterizing human bodies to fit feature-aligned and flattenable 3D garments [J]. Computers in Industry, 2012, 63(7): 680–691.

[69] TAO X, BRUNIAUX P. Toward advanced three-dimensional modeling of garment prototype from draping technique [J]. International Journal of Clothing Science and Technology, 2013, 25(4): 266–283.

[70] CICHOCKA A, BRUNIAUX P, FRYDRYCH I. 3D garment modelling-conception of its structure in 3D [J]. Fibres and Textiles in Eastern Europe, 2016, 24(4): 121–128.

[71] HONG Y, ZENG X, BRUNIAUX P, et al. Interactive virtual try-on based three-dimensional garment block design for disabled people of scoliosis type [J]. Textile Research Journal, 2017, 87(10): 1261–1274.

[72] BRUNIAUX P, CICHOCKA A, FRYDRYCH I. 3D Digital methods of clothing creation for disabled people [J]. Fibres and Textiles in Eastern Europe, 2016, 119(5): 125–131.

[73] THOMASSEY S, BRUNIAUX P. A template of ease allowance for garments based on a 3D reverse methodology [J]. International Journal of Industrial Ergonomics, 2013, 43(5):

406–416.
[74] ZHANG J, INNAMI N, KIM K, et al. Upper garment 3D modeling for pattern making [J]. International Journal of Clothing Science and Technology, 2015, 27(6): 852–869.
[75] CHEN L, LU G, WANG J, et al. Parametric 3D sleeve modelling based on hybrid dimension [C]// 2006 International Technology and Innovation Conference (ITIC 2006). Hangzhou, China: IET, 2006: 944–950.
[76] JIN W, GUODONG L, WEILONG L, et al. Interactive 3D garment design with constrained contour curves and style curves [J]. Computer Aided Design, 2009, 41(9): 614–625.
[77] JIN W, GUODONG L, LONG C, et al. Customer participating 3D garment design for mass personalization [J]. Textile Research Journal, 2010, 81(2): 187–204.
[78] LEE E, PARK H. 3D Virtual fit simulation technology: strengths and areas of improvement for increased industry adoption [J]. International Journal of Fashion Design, Technology and Education, 2017, 10(1): 59–70.
[79] FAN J, YU W, HUNTER L. Clothing appearance and fit: science and technology [M]. Cambridge, the United Kingdom: Woodhead publishing Limited, 2004.
[80] CONNELL L J, ULRICH P, KNOX A, et al. Research triangle park, North Carolina: AATCC, 2003.
[81] FROST K. Consumer's perception of fit and comfort of pants [D]. Twin Cities, Minnesota; University of Minnesota, 1988.
[82] LABAT K L, DELONG M R. Body cathexis and satisfaction with fit of apparel [J]. Clothing and Textiles Research Journal, 1990, 8(2): 43–48.
[83] GERŠAK J. Development of the system for qualitative prediction of garments appearance quality [J].International Journal of Clothing Science and Technology, 2002, 14(3/4): 169–180.
[84] CAIN G. The American way of designing [M]. New York: Fairchild Publications, 1950.
[85] H C, E W. Clothing selection [M]. New York: Fairchild Publications, 1967.
[86] ERWIN M D, KINCHEN L A, PETERS K A. Clothing for moderns [M]. 4th ed. New York: Collier Macmillan Publishers, 1979.
[87] EFRAT S. The development of a method of generating patterns for clothing that conform to the shape of the human body [D]. Leicester, the United Kingdom: Leicester Polytechnic, 1982.
[88] HACKLER N. What is good fit? [J]. Consumer Affairs Committee, 1984, 2(1): 38–45.

[89] SHEN L, HUCK J. Bodice pattern development using somatographic and physical data [J]. International Journal of Clothing Science and Technology, 1993, 5(1): 6–16.

[90] UNIVERSITY O. The Oxford dictionary [M]. Oxford: Oxford University Press, 2002.

[91] 齐行祥. 基于个性化虚拟人台的服装合体性评价模型研究[D]. 上海：东华大学，2011.

[92] PAQUETTE S. 3D scanning in apparel design and human engineering [J]. IEEE Computer Graph, 1996, 16(5): 11–15.

[93] DEVARAJAN P, ISTOOK C L. Validation of female figure identification technique (FFIT) for apparel software [J]. Journal of Textile and Apparel, Technology and Management, 2004, 4(1): 1–23.

[94] ASHDOWN S P, LOKER S, SCHOENFELDER K, et al. Using 3D scans for fit analysis [J]. Journal of Textile and Apparel, Technology and Management, 2004, 4(1): 1–12.

[95] LU Y, SONG G, LI J. A novel approach for fit analysis of thermal protective clothing using three–dimensional body scanning [J]. Applied Ergonomics, 2014, 45(6): 1439–1446.

[96] SU J, GU B, LIU G, et al. Determination of distance ease of pants using 3D scanning data [J].International Journal of Clothing Science and Technology, 2015, 27(1): 47–59.

[97] PSIKUTA A, FRACKIEWICZ-KACZMAREK J, FRYDRYCH I, et al. Quantitative evaluation of air gap thickness and contact area between body and garment [J]. Textile Research Journal, 2012, 82(14): 1405–1413.

[98] LIN Y-L, WANG M-J J. The development of a clothing fit evaluation system under virtual environment [J]. Multimedia Tools and Applications, 2015, 75(13): 7575–7587.

[99] 徐继红. 服装廓体松量与面料力学性能相关性及其预测模型的研究[D]. 上海：东华大学，2008.

[100] TAYA Y. An evaluation method of clothing fitness with body [C]// Proceedings of the Human Factors and Ergonomics Society Annual Meeting. Tokyo, Japan: SAGE Publications, 2000: 762–765.

[101] TAYA Y, SHIBUYA A, NAKAJIMA T. Evaluation method of clothing fitness with body, Part 5: Application of wavelet transform to analysis of clothing waveforms [J]. Journal of the Textile Machinery Society of Japan, 1996, 49(4): 96–106.

[102] TAYA Y, SHIBUYA A, NAKAJIMA T. Evaluation method of clothing fitness with body, Part 6: Evaluation of clothing waveforms by wavelet transform [J]. Journal of Mathematical Society of Japan, 1996, 49(6): 46–58.

[103] TAYA Y, SHIBUYA A, NAKAJIMA T. Evaluation method of clothing fitness with body, Part 1: Evaluation index of clothing fitness [J]. Journal of the Textile Machinery Society of Japan, 1995, 48(2): 48–55.

[104] TAYA Y, SHIBUYA A, NAKAJIMA T. Evaluation method of clothing fitness with body, Part 2 : Application of smymmetrized dot patterns to the visual characterization of clothing wave forms [J]. Journal of the Textile Machinery Society of Japan, 1995, 48(6): 51–60.

[105] TAYA Y, SHIBUYA A, NAKAJIMA T. Evaluation method of clothing fitness with body, Part 3: Evaluation by cross-sectional shape of clothing [J]. Journal of the Textile Machinery Society of Japan, 1995, 48(9): 225–234.

[106] TAYA Y, SHIBUYA A, NAKAJIMA T. Evaluation method of clothing fitness with body, Part 4: Evaluation of clothing waveforms by wavelet transform [J]. Journal of Mathematical Society of Japan, 1996, 48(11): 261–269.

[107] 戴玮，张祖芳. 用模糊数学方法研究服装合体配伍性[J]. 纺织学报，2003, 24(1)：35–37.

[108] 戴玮，张渭源. 模糊数学在服装合体配伍性评价中的应用[J]. 东华大学学报(自然科学版), 2003，29(4): 11–13.

[109] 戴玮，张渭源. 服装衣身合体性评价中的模糊数学方法[J]. 东华大学学报(自然科学版), 2003，29(3): 34–36.

[110] CHEN Y, ZENG X, HAPPIETTE M, et al. Optimisation of garment design using fuzzy logic and sensory evaluation techniques [J]. Eng Appl Artif Intel, 2009, 22(2): 272–282.

[111] CHEN Y, ZENG X, HAPPIETTE M, et al. A new method of ease allowance generation for personalization of garment design [J].International Journal of Clothing Science and Technology, 2008, 20(3): 161–173.

[112] LOKER S, ASHDOWN S, SCHOENFELDER K. Size-specific analysis of body scan data to improve apparel fit [J]. Journal of Textile and Apparel, Technology and Management, 2005, 4(3): 1–15.

[113] LIU K, WANG J, HONG Y. Wearing comfort analysis from aspect of numerical garment pressure using 3D virtual–reality and data mining technology [J].International Journal of Clothing Science and Technology, 2017, 29(2): 166–179.

[114] KIM J, FORSYTHE S. Adoption of virtual try-on technology for online apparel shopping [J]. Journal of Interactive Marketing, 2008, 22(2): 45–59.

[115] SONG H K, ASHDOWN S P. Investigation of the validity of 3D virtual fitting for pants [J]. Clothing and Textiles Research Journal, 2015, 33(4): 314–330.

[116] SHIN E, BAYTAR F. Apparel fit and size concerns and intentions to use virtual try-on: impacts of body satisfaction and images of models' bodies [J]. Clothing and Textiles Research Journal, 2013, 32(1): 20–33.

[117] ZHANG X, YEUNG K, LI Y. Numerical simulation of 3D dynamic garment pressure [J]. Textile Research Journal, 2002, 72(3): 245–252.

[118] LIU K, WANG J, ZENG X, et al. Garment fit evaluation based on bayesian discriminant [C]// Uncertainty Modelling in Knowledge Engineering and Decision Making. Roubaix, France: World Scientific, 2016: 990–995.

[119] LAGE A, ANCUTIENE K. Virtual try-on technologies in the clothing industry. Part 1: Investigation of distance ease between body and garment [J]. The Journal of The Textile Institute, 2017, 108(10): 1787–1793.

[120] 李继云. 智能款式设计系统研究与实现[D]. 上海：东华大学，2003.

[121] 焦宝娥. 从打版师的职业特点反思服装的技术培训[J]. 东华大学学报(社会科学)，2012，12(4)：309–312.

[122] LI J, LU G. Modeling 3D garments by examples [J]. Computer Aided Design, 2014, 49(4): 28–41.

[123] MENG Y, MOK P Y, JIN X. Computer aided clothing pattern design with 3D editing and pattern alteration [J]. Computer Aided Design, 2012, 44(8): 721–734.

[124] SECORD P F, JOURARD S M. The appraisal of body-cathexis: body-cathexis and the self [J]. Journal of Consulting Psychology, 1953, 17(5): 343–347.

[125] G R, A R. The relationship of body image to self concept [D]. Pittsburgh, Pennsylvania: University of Pittsburgh, 1973.

[126] FREDERICK N J. The relationship between body-cathexis and clothing market satisfaction of overweight women [D]. Pullman, Washington:Washington State University, 1977.

[127] JAKOB E M, MARSHALL S D, UETZ G W. Estimating fitness: a comparison of body condition indices [J]. Oikos, 1996, 77(1): 61–67.

[128] CHUN J. Communication of sizing and fit [M]. Boca Raton, Florida: Woodhead Publishing Limited, 2015.

[129] HARMS H, AMFT O, TRöSTER G. Does loose fitting matter: predicting sensor

performance in smart garments [C]// Proceedings of the 7th International Conference on Body Area Networks. Oslo, Norway: ICST (Institute for Computer Sciences, Social-Informatics and Telecommunications Engineering), 2012: 1–4.

[130] BOONBRAHM P, KAEWRAT C, BOONBRAHM S. Realistic simulation in virtual fitting room using physical properties of fabrics [J]. Procedia Computer Science, 2015, 75: 12–6.

[131] 邹平. 逐步回归中服装结构设计数学模型部位间的影响关系[J]. 纺织学报, 2007, 28(2): 95–99.

[132] LIU K, WANG J, ZENG X, et al. Using artificial intelligence to predict human body dimensions for pattern making [C]// Uncertainty Modelling in Knowledge Engineering and Decision Making. Roubaix, France: World Scientific, 2016: 996–1001.

[133] 李柏年, 吴礼斌. MATLAB 数据分析方法[M]. 北京: 机械工业出版社, 2012.

[134] YAN X, SU X G. Linear regression analysis: theory and computing [M]. Singapore: World Scientific Publishing Co., Inc., 2009.

[135] KUNCHEVA L I. On the optimality of naive bayes with dependent binary features [J]. Pattern Recognition Letters, 2006, 27(7): 830–837.

[136] 杜瑞杰. 贝叶斯分类器及其应用研究[D]. 上海: 上海大学, 2012.

[137] CHANDRA B, GUPTA M. Robust approach for estimating probabilities in Naïve-Bayes Classifier for gene expression data [J]. Expert Systems with Applications, 2011, 38(3): 1293–1298.

[138] 高岩. 朴素贝叶斯分类器的改进研究[D]. 广州: 华南理工大学, 2011.

[139] 张连文. 贝叶斯网引论[M]. 北京: 科学出版社, 2006.

[140] HSU C C, HUANG Y P, CHANG K W. Extended Naive Bayes classifier for mixed data [J]. Expert Systems with Applications, 2008, 35(3): 1080–1083.

[141] ELKAN C. Boosting and Naive Bayesian learning [R].Newport Beach, California: University of California, 1997.

[142] 郭炜星. 数据挖掘分类算法研究[D]. 杭州: 浙江大学, 2008.

[143] 宫秀军. 贝叶斯学习理论及其应用研究[D]. 北京: 中国科学院研究生院(计算技术研究所), 2002.

[144] 蒋良孝. 朴素贝叶斯分类器及其改进算法研究[D]. 武汉: 中国地质大学, 2009.

[145] 王国才. 朴素贝叶斯分类器的研究与应用[D]. 重庆: 重庆交通大学, 2010.

[146] 戴南. 基于决策树的分类方法研究[D]. 南京: 南京师范大学, 2003.

[147] 张宇. 基于反向学习信道模型的ID3改进算法[D]. 广州：中山大学，2007.

[148] 陈诚. 基于AFS理论的模糊分类器设计[D]. 大连：大连理工大学，2009.

[149] BADGUJAR M G V, SAWANT K. Improved C4.5 decision tree classifier algorithm for analysis of data mining application [J]. International Journal of Science Technology Management and Research, 2016, 1(8): 23–28.

[150] 章毅，郭泉，王建勇. 大数据分析的神经网络方法[J]. 四川大学学报(工程科学版)，2017，49(1): 9–18.

[151] BASHEER I A, HAJMEER M. Artificial neural networks: fundamentals, computing, design, and application [J]. Journal of Microbiological Methods, 2000, 43(1): 3–31.

[152] 王伟. 人工神经网络原理：入门与应用[M]. 北京：北京航空航天大学出版社，1995.

[153] 史峰，王小川，郁磊，等. MATLAB神经网络30个案例分析[M]. 北京：北京航空航天大学出版社，2010.

[154] LI J, CHENG J-H, SHI J-Y, et al. Brief introduction of Back Propagation (BP) neural network algorithm and its improvement [M]. Berlin, Heidelberg: Springer Berlin Heidelberg, 2012.

[155] JIN W, LI Z J, WEI L S, et al. The improvements of BP neural network learning algorithm [C]// 2000 5th International Conference Signal Processing Proceedings. Beijing, China: IEEE, 2000: 1647–1649.

[156] HORNIK K. Approximation capabilities of multilayer feedforward networks [J]. Neural Networks, 1991, 4(2): 251–257.

[157] 梅君智. BP神经网络的结构优化及应用[D]. 广州：中山大学，2010.

[158] 郤成. 智能温室控制算法的研究与应用[D]. 南京：南京邮电大学，2013.

[159] 陈蕊. 基于BP神经网络的NURBS曲线插补方法研究[D]. 邯郸：河北工程大学，2014.

[160] 翁小秋. 试论服装款式图表现在服装设计中的重要性[J]. 新美术，2003，24(3): 91–92.

[161] LIU K, WANG J, ZENG X, et al. Fuzzy classification of young women's lower body based on anthropometric measurement [J]. International Journal of Industrial Ergonomics, 2016, 55(5): 60–68.

[162] WU G, LIU S, WU X, et al. Research on lower body shape of late pregnant women in Shanghai area of China [J]. International Journal of Industrial Ergonomics, 2015, 46(2): 69–75.

[163] ISO. ISO 15535:2012 [M]// General requirements for establishing anthropometric databases. Geneva: International Organization for Standardization, 2012.

[164] DAANEN H A M, VAN DE WATER G J. Whole body scanners [J]. Displays, 1998, 19(3): 111–120.

[165] DAANEN H A M, TER HAAR F B. 3D whole body scanners revisited [J]. Displays, 2013, 34(4): 270–275.

[166] HAN J, KAMBER M, PEI J. Data mining: concepts and techniques: concepts and techniques [M]. 3rd ed. Waltham, Massachusetts: Morgan Kaufmann Publishers, 2011.

[167] CERNY B A, KAISER H F. A study of a measure of sampling adequacy for factor-analytic correlation matrices [J]. Multivariate Behavioral Research, 1977, 12(1): 43–47.

[168] DZIUBAN C D, SHIRKEY E C. When is a correlation matrix appropriate for factor analysis? Some decision rules [J]. Psychological Bulletin, 1974, 81(6): 358.

[169] KAISER H F. A second generation little jiffy [J]. Psychometrika, 1970, 35(4): 401–415.

[170] KAISER H F, RICE J. Little jiffy, mark IV [J]. Educational and Psychological Measurement, 1974, 34(1): 111–117.

[171] 邹平. 腰围、臀围是影响胸小体女装结构数学模型的重要部位[J]. 苏州大学学报(工科版), 2007, 27(3): 65–68.

[172] DRAPER N R, SMITH H, POWNELL E. Applied regression analysis [M]. 3rd ed. Hoboken, New Jersey: John Wiley Sons, Inc., 1998.

[173] SEBER G A, LEE A J. Linear regression analysis [M]. Hoboken, New Jersey: John Wiley and Sons,Inc., 2012.

[174] ZHANG W. Clothing constructure design [M]. Beijing: China's Textile and Apparel Press, 2010.

[175] XIU Y, WAN Z-K, CAO W. A constructive approach toward a parametric pattern-making model [J]. Textile Research Journal, 2011, 81(10): 979–991.

[176] KIM K, LEE K-P. Collaborative product design processes of industrial design and engineering design in consumer product companies [J]. Design Studies, 2016, 46(5): 226–260.

[177] MOK P Y, XU J, WANG X X, et al. An IGA-based design support system for realistic and practical fashion designs [J]. Computer Aided Design, 2013, 45(11): 1442–1458.

[178] LIU K, WANG J, ZENG X, et al. A mixed human body modeling method based on 3D body scanning for clothing industry [J].International Journal of Clothing Science and

Technology, 2017, 29(5): 673–685.

[179] KIM S, PARK C K. Parametric body model generation for garment drape simulation [J]. Fibers and Polymers, 2004, 5(1): 12–18.

[180] CHO Y S, KOMATSU T, TAKATERA M, et al. Posture and depth adjustable 3D body model for individual pattern making [J].International Journal of Clothing Science and Technology, 2006, 18(2): 96–107.

[181] CHO Y, OKADA N, PARK H, et al. An interactive body model for individual pattern making [J].International Journal of Clothing Science and Technology, 2005, 17(2): 91–99.

[182] 乔宝琴. 服装造型与版型放松量分析[J]. 东华大学学报(社会科学), 2012, 12(4): 276–281.

[183] 林彬. 女上装围度放松量的研究[J]. 纺织导报, 2010(3): 89–90.

[184] BRADLEY D, POPA T, SHEFFER A, et al. Markerless garment capture [J]. ACM Transactions on Graphics 2008, 27(3): 1–9.

[185] CHEN X, ZHOU B, LU F, et al. Garment modeling with a depth camera [J]. ACM Transactions on Graphics , 2015, 34(6): 203–214.

[186] UMETANI N, KAUFMAN D M, IGARASHI T, et al. Sensitive couture for interactive garment modeling and editing [J]. ACM Transactions on Graphics, 2011, 30(4): 90–101.

[187] BERTHOUZOZ F, GARG A, KAUFMAN D M, et al. Parsing sewing patterns into 3D garments [J]. ACM Transactions on Graphics, 2013, 32(4): 1–12.

[188] ZHANG M, LIN L, PAN Z, et al. Topology-independent 3D garment fitting for virtual clothing [J]. Multimedia Tools and Applications, 2015, 74(9): 3137–3153.

[189] DECAUDIN P, JULIUS D, WITHER J, et al. Virtual garments: a fully geometric approach for clothing design [J]. Computer Graph Forum, 2006, 25(3): 625–634.

[190] YASSEEN Z, NASRI A, BOUKARAM W, et al. Sketch–based garment design with quad meshes [J]. Computer Aided Design, 2013, 45(2): 562–567.

[191] EI CHAW H, KRZYWINSKI S, ROEDEL H. Garment prototyping based on scalable virtual female bodies [J]. International Journal of Clothing Science and Technology, 2013, 25(3): 184–197.

[192] 黄海峤, 王英男. 基于可展曲面的3D服装原型建模与服装样板生成[J]. 东华大学学报(自然科学版), 2011, 37(6): 720–726.

[193] 李基拓, 陆国栋, 张东亮. 基于草图交互的个性化服装生成方法[J]. 计算机辅助设

计与图形学学报，2005，17(11): 132–137.

[194] CHO C-S, PARK J-Y, BOEING A, et al. An implementation of a garment-fitting simulation system using laser scanned 3D body data [J]. Computer in Industry, 2010, 61(6): 550–558.

[195] ZHOU B, CHEN X, FU Q, et al. Garment modeling from a single image [J]. Computer Graph Forum, 2013, 32(7): 85–91.

[196] 刘骊，王若梅，罗笑南，等. 数据驱动的三维服装快速建模[J]. 软件学报，2016，27(10): 2574–2586.

[197] PROVOT X. Deformation constraints in a mass-spring model to describe rigid cloth behaviour [C]// Graphics interface. Seoul, Korea: Canadian Information Processing Society, 1995: 147.

[198] LUO Z G, YUEN M M-F. Reactive 2D/3D garment pattern design modification [J]. Computer Aided Design, 2005, 37(6): 623–630.

[199] ZHOU C, XIAO W, TIRPAK T M, et al. Evolving accurate and compact classification rules with gene expression programming [J]. IEEE Transactions on Evolutionary Computation, 2003, 7(6): 519–531.

[200] LI Q, YU J-Y, MU B-C, et al. BP neural network prediction of the mechanical properties of porous NiTi shape memory alloy prepared by thermal explosion reaction [J]. Materials Science and Engineering: A, 2006, 419(1): 214–217.

[201] JIANG Y, ZUXIN X, HAILONG Y. Study on improved BP artificial neural networks in eutrophication assessment of China eastern lakes [J]. Journal of Hydrodynamics, Ser B, 2006, 18(3): 528–532.

[202] COMMITTEE C N S M. GBT 1335.2–2008 [M]// Standard Sizing Systems for Garments. Beijing: Standards Press of China. 2008.

[203] ASHDOWN S P, DUNNE L. A study of automated custom fit: readiness of the technology for the apparel industry [J]. Cloth and Textiles Research Journal, 2006, 24(2): 121–136.

[204] CHEN C-M. Fit evaluation within the made-to-measure process [J]. International Journal of Clothing Science and Technology, 2007, 19(2): 131–144.

[205] CHATTARAMAN V, SIMMONS K P, ULRICH P V. Age, body size, body image, and fit preferences of male consumers [J]. Cloth and Textiles Research Journal, 2013, 31(4): 291–305.

[206] SEO H, KIM S–J, CORDIER F, et al. Validating a cloth simulator for measuring tight–fit clothing pressure [C]// Proceedings of the 2007 ACM Symposium on Solid and Physical Modeling. Beijing, China: ACM, 2007: 431–437.

[207] YANMEI L, WEIWEI Z, FAN J, et al. Study on clothing pressure distribution of calf based on finite element method [J]. The Journal of The Textile Institute, 2014, 105(9): 955–961.

[208] ZHANG M, DONG H, FAN X, et al. Finite element simulation on clothing pressure and body deformation of the top part of men's socks using curve fitting equations [J]. International Journal of Clothing Science and Technology, 2015, 27(2): 207–220.

[209] MEUNIER P, YIN S. Performance of a 2D image-based anthropometric measurement and clothing sizing system [J]. Applied Ergonomics, 2000, 31(5): 445–451.

[210] 彭磊，谢红，邹奇芝. 基于量身定制特体女装原型样板的生成[J]. 纺织学报，2011，32(4): 101–105.

[211] 王倩. 大规模定制的服装设计过程[J]. 纺织导报，2011(7): 99–100.

[212] SONG H K, ASHDOWN S P. Female apparel consumers' understanding of body size and shape: relationship among body measurements, fit satisfaction, and body cathexis [J]. Cloth and Textiles Research Journal, 2013, 31(3): 143–156.

[213] ECKMAN M, DAMHORST M L, KADOLPH S J. Toward a model of the in-store purchase decision process: consumer use of criteria for evaluating women's apparel [J]. Cloth and Textiles Research Journal, 1990, 8(2): 13–22.

[214] ROSA J A, GARBARINO E C, MALTER A J. Keeping the body in mind: the influence of body esteem and body boundary aberration on consumer beliefs and purchase intentions [J]. Journal of Consumer Psychology, 2006, 16(1): 79–91.

[215] KIM H, DAMHORST M L. Gauging concerns with fit and size of garments among young consumers in online shopping [J]. Journal of Textile and Apparel, Technology and Management, 2013, 8(3): 1–14.

[216] FORSYTHE S, LIU C, SHANNON D, et al. Development of a scale to measure the perceived benefits and risks of online shopping [J]. Journal of Interactive Marketing, 2006, 20(2): 55–75.

[217] CASES A-S. Perceived risk and risk-reduction strategies in internet shopping [J]. The International Review of Retail, Distribution and Consumer Research, 2002, 12(4): 375–394.

[218] DESMARTEAU K. CAD: Let the fit revolution begin [J]. Bobbin, 2000, 42(2): 42–56.

[219] KIM H, DAMHORST M L. The relationship of body-related self-discrepancy to body dissatisfaction, apparel involvement, concerns with fit and size of garments, and purchase intentions in online apparel shopping [J]. Cloth and Textiles Research Journal, 2010, 28(4): 239–254.

附录

附录 1　人体尺寸测量数据

单位：cm

序号	h	LL_h	WH_h	HH_h	AH_h	KH_h	H_h	W_h	DWH_h	CD_h	CW_h	A_h	T_h	K_h
1	169.9	78.4	106.5	88.8	99.7	47.1	93.0	76.9	16.1	28.1	20.5	85.2	55.4	38.8
2	156.1	68.9	97.0	79.8	90.7	41.4	85.6	69.0	16.6	28.1	19.5	75.1	50.3	36.0
3	158.0	70.0	98.5	80.5	91.5	42.8	97.4	80.6	16.8	28.5	22.0	86.3	59.6	42.1
4	156.2	71.3	98.2	80.5	91.7	42.2	78.0	61.0	17.0	26.9	17.2	65.0	42.4	31.6
5	157.7	71.5	99.0	81.3	93.0	42.9	84.1	67.0	17.1	27.5	18.2	75.4	47.0	34.2
6	159.4	70.4	97.5	79.7	92.5	43.4	89.9	72.8	17.1	27.2	19.5	81.3	51.7	34.9
7	155.5	69.4	95.9	78.2	90.1	41.1	87.1	69.6	17.5	26.5	19.2	79.1	50.3	34.2
8	165.9	74.1	104.0	85.2	96.0	46.4	98.8	81.3	17.5	30.0	21.6	87.2	59.8	40.8
9	162.6	72.2	101.0	83.6	94.2	43.1	86.0	68.0	18.0	28.9	19.3	72.1	48.2	34.4
10	160.9	70.1	99.6	80.7	93.7	43.7	90.9	72.6	18.3	29.6	18.7	84.4	53.2	38.9
11	159.4	69.8	100.1	82.4	92.1	41.6	90.9	72.3	18.6	30.4	19.8	78.8	52.3	37.6
12	158.7	69.9	98.2	80.2	91.7	41.6	95.1	76.2	18.9	28.3	20.5	83.9	55.0	39.4
13	154.4	69.1	94.4	76.9	89.5	40.0	86.4	67.5	18.9	25.4	19.3	71.8	50.2	35.8
14	167.3	74.8	105.1	86.3	98.0	46.0	96.4	77.3	19.1	30.3	20.0	88.8	55.4	39.1
15	164.1	73.8	102.0	83.8	95.6	43.2	87.1	67.9	19.2	28.2	18.9	73.4	49.6	35.6
16	153.0	65.6	94.3	76.4	87.3	40.3	87.9	68.4	19.5	28.7	19.6	78.0	50.4	35.6
17	160.9	73.8	100.4	82.1	93.7	42.7	89.4	69.9	19.5	26.7	18.5	78.3	51.2	37.2
18	152.3	64.8	93.7	75.2	88.4	40.3	93.5	73.7	19.8	28.9	20.2	83.7	56.4	38.3
19	163.4	75.0	102.5	83.6	96.1	44.2	95.0	75.0	20.0	27.6	20.7	84.3	54.1	36.9
20	160.2	70.1	100.4	82.4	93.5	42.5	98.5	78.4	20.1	30.4	21.8	88.6	58.6	38.0
21	173.1	78.1	109.5	91.0	101.9	47.9	93.7	73.2	20.5	31.5	19.5	81.5	52.8	39.7
22	161.9	74.0	101.3	83.8	93.8	43.7	91.9	71.3	20.6	27.3	20.1	80.0	52.5	38.0
23	153.9	67.6	94.7	77.1	88.1	40.3	90.4	69.4	21.0	27.2	19.8	77.5	54.8	35.7
24	157.9	69.3	98.9	79.4	91.8	42.9	95.5	74.5	21.0	29.6	19.9	86.2	57.6	41.5
25	152.3	66.4	93.5	76.2	86.9	40.0	87.3	66.2	21.1	27.2	19.8	73.7	49.9	34.7
26	158.7	72.2	99.3	81.4	92.4	41.0	92.3	71.0	21.3	27.1	20.0	77.9	51.5	37.0
27	162.0	73.0	102.0	83.6	95.2	44.5	94.1	72.8	21.3	29.0	20.1	82.5	53.7	40.3
28	162.0	73.3	102.2	85.4	94.8	43.1	93.0	71.6	21.4	29.0	20.5	82.4	52.6	37.4
29	154.8	70.5	96.4	77.9	90.1	40.8	88.6	67.1	21.5	26.0	18.4	74.9	53.4	35.9
30	162.6	71.2	101.3	83.2	94.7	43.6	101.7	80.2	21.5	30.2	22.2	91.2	60.4	38.6
31	164.1	71.2	103.1	84.3	96.2	45.1	90.3	68.7	21.6	32.0	19.3	77.2	54.3	36.7
32	160.1	67.9	99.5	81.5	94.0	43.0	97.8	76.1	21.7	31.6	21.1	85.7	58.9	40.3

续表

序号	h	LL_h	WH_h	HH_h	AH_h	KH_h	H_h	W_h	DWH_h	CD_h	CW_h	A_h	T_h	K_h
33	159.4	73.0	98.8	81.1	92.1	42.0	85.1	63.3	21.8	25.9	18.6	74.4	49.1	34.3
34	156.9	70.9	96.2	77.7	90.2	42.4	91.6	69.7	21.9	25.3	19.6	79.2	54.8	37.8
35	156.3	65.4	96.6	78.8	89.9	42.0	95.6	73.7	21.9	31.2	20.0	81.4	50.2	39.7
36	168.9	76.9	106.1	86.8	100.2	45.5	93.7	71.6	22.1	29.3	19.0	82.7	55.1	39.4
37	157.9	70.5	98.7	80.3	92.0	43.9	90.1	67.9	22.2	28.2	19.4	76.0	51.2	37.6
38	156.2	70.7	96.7	79.1	90.4	41.9	87.0	64.6	22.4	26.0	19.3	71.7	49.4	35.3
39	158.7	66.3	99.2	81.5	92.2	42.7	89.8	67.3	22.5	32.9	19.4	76.3	51.7	38.3
40	157.7	69.1	97.8	78.3	91.4	42.0	97.8	75.3	22.5	28.7	20.4	85.7	56.6	40.1
41	164.1	74.0	101.7	83.5	95.3	43.9	86.4	63.7	22.7	27.8	18.4	73.9	48.4	37.6
42	161.7	72.4	100.5	82.1	94.2	43.2	87.8	65.1	22.7	28.2	18.9	75.4	50.1	37.0
43	151.5	64.8	93.4	75.9	86.2	39.0	81.6	58.8	22.8	28.6	17.9	66.9	45.6	33.3
44	164.9	70.3	104.6	86.3	97.2	44.1	99.3	76.4	22.9	34.4	21.2	88.0	58.2	38.9
45	170.7	76.9	107.5	89.1	102.1	48.1	100.2	77.3	22.9	30.7	21.2	91.1	59.1	41.0
46	160.1	73.4	99.0	81.1	92.6	40.3	84.2	61.2	23.0	25.6	18.3	70.8	49.4	34.9
47	158.8	71.5	97.7	79.6	92.0	41.6	84.7	61.5	23.2	26.3	18.4	71.2	48.4	35.0
48	159.4	69.9	99.5	81.1	93.5	42.3	89.8	66.6	23.2	29.7	19.2	74.2	49.9	37.8
49	160.9	71.0	101.1	82.6	92.8	43.0	90.7	67.5	23.2	30.1	18.5	78.6	50.3	35.3
50	162.8	75.5	102.0	83.3	95.8	43.3	96.2	73.0	23.2	26.6	20.7	83.0	54.4	36.4
51	169.1	79.6	106.8	89.0	99.6	46.4	95.6	72.3	23.3	27.3	21.7	81.1	54.7	39.6
52	158.0	68.8	98.7	80.8	92.0	41.9	91.9	68.6	23.3	30.0	20.6	79.8	50.9	35.0
53	164.9	72.8	103.5	85.6	94.1	45.8	92.1	68.7	23.4	30.8	20.0	79.2	55.3	36.5
54	172.1	79.7	108.4	90.9	101.9	47.6	98.6	75.2	23.4	28.7	22.1	84.6	59.6	40.8
55	161.9	72.6	100.5	82.3	93.8	43.6	87.7	64.2	23.5	27.9	18.9	73.4	48.9	34.6
56	158.7	67.6	99.7	81.4	92.5	44.4	99.2	75.7	23.5	32.1	21.0	84.6	58.6	39.3
57	158.7	71.0	98.7	80.3	93.1	42.0	96.0	72.4	23.6	27.8	20.5	81.7	56.7	37.2
58	156.1	72.6	97.2	79.2	90.8	40.3	82.9	59.3	23.6	24.7	19.4	68.3	45.5	32.2
59	165.9	75.6	104.5	86.2	98.4	46.8	90.7	67.1	23.6	29.0	19.0	78.5	51.5	39.5
60	172.1	77.6	106.8	89.1	101.9	47.3	96.2	72.6	23.6	29.3	21.0	87.3	53.9	37.1
61	159.5	68.2	99.6	81.5	91.4	43.4	96.0	72.3	23.7	31.4	20.1	81.9	57.5	36.6
62	162.8	72.4	102.0	84.6	96.2	43.6	91.1	67.2	23.9	29.7	20.1	79.3	51.6	38.8
63	161.7	69.7	100.8	81.6	93.9	43.7	90.7	66.8	23.9	31.1	19.2	77.0	51.9	36.2
64	167.4	74.3	105.8	85.9	98.2	44.7	94.4	70.5	23.9	31.6	19.0	80.3	53.4	38.3
65	166.0	73.2	103.6	85.8	96.6	44.5	92.1	68.1	24.0	30.5	20.2	78.8	52.5	37.1
66	155.4	66.7	96.4	78.4	90.5	41.3	93.8	69.8	24.0	29.7	20.1	83.3	52.6	35.5

续表

序号	h	LL_h	WH_h	HH_h	AH_h	KH_h	H_h	W_h	DWH_h	CD_h	CW_h	A_h	T_h	K_h
67	161.9	70.7	102.3	84.1	95.7	42.9	96.2	72.2	24.0	31.7	20.5	87.1	58.4	43.9
68	159.4	69.9	99.2	81.2	92.8	42.6	93.8	69.7	24.1	29.4	20.1	78.7	51.8	38.2
69	165.9	71.5	103.9	86.5	98.2	45.1	95.7	71.5	24.2	32.5	21.1	82.9	52.5	38.1
70	165.9	74.0	103.6	86.1	96.6	45.9	89.0	64.7	24.3	29.6	19.7	74.0	51.5	41.1
71	160.9	72.1	100.3	82.2	94.5	43.0	92.1	67.8	24.3	28.2	19.4	79.1	52.9	35.7
72	164.9	74.9	103.1	85.1	96.5	43.4	93.8	69.4	24.4	28.2	20.1	81.8	53.3	35.2
73	156.3	68.8	97.1	78.8	90.3	41.0	86.5	62.1	24.4	28.3	18.3	71.2	49.1	35.6
74	159.5	70.4	99.3	80.0	92.6	42.8	90.3	65.7	24.6	29.0	18.7	75.1	50.8	36.6
75	164.2	70.3	103.2	84.5	96.1	43.9	99.3	74.7	24.6	32.9	20.9	85.8	57.9	41.5
76	167.4	73.4	106.8	87.4	98.2	45.9	88.4	63.8	24.6	33.4	17.9	76.4	49.4	34.8
77	161.7	69.6	100.3	83.5	94.1	43.7	93.7	68.9	24.8	30.8	20.4	79.2	53.9	37.4
78	156.9	70.2	99.1	80.3	91.6	41.3	85.2	60.4	24.8	29.0	18.2	70.6	48.3	34.1
79	165.9	75.3	103.4	84.6	96.8	45.3	96.7	71.8	24.9	28.1	21.0	81.6	56.6	38.4
80	157.9	68.0	97.5	78.3	91.0	42.0	96.5	71.5	25.0	29.5	19.8	84.4	56.3	38.0
81	154.8	71.1	95.0	77.2	89.1	41.1	83.4	58.3	25.1	23.9	18.3	68.2	43.4	33.0
82	164.2	74.0	102.6	83.7	95.7	44.3	91.9	66.8	25.1	28.6	19.6	77.4	55.0	38.7
83	160.1	70.6	99.6	81.1	92.7	43.3	90.0	64.6	25.4	29.1	19.6	75.1	51.8	40.3
84	160.9	69.4	100.1	81.1	95.6	44.2	93.5	67.9	25.6	30.8	18.9	78.9	53.2	39.4
85	168.1	75.1	105.4	86.3	97.9	45.8	86.0	60.4	25.6	30.3	17.8	73.3	47.9	34.9
86	156.9	67.3	98.1	80.1	91.2	41.7	93.2	67.5	25.7	30.9	20.0	76.1	53.4	36.9
87	173.2	76.5	111.0	91.1	103.3	46.7	97.2	71.5	25.7	34.5	19.4	86.0	57.5	40.9
88	160.9	69.1	100.9	82.6	94.2	43.1	89.0	63.2	25.8	31.8	18.2	73.9	50.7	34.9
89	168.9	73.3	106.6	87.2	99.0	45.8	95.0	69.2	25.8	33.3	18.9	81.7	53.8	38.4
90	161.9	72.4	101.5	83.8	95.1	43.3	94.1	68.2	25.9	29.1	20.3	78.1	52.3	37.0
91	158.7	70.7	98.9	80.7	92.3	43.6	94.0	68.1	25.9	28.3	20.0	79.5	56.2	37.0
92	154.5	67.2	97.3	79.6	88.8	41.0	96.2	70.2	26.0	30.1	21.8	80.9	52.7	38.1
93	171.3	77.7	108.1	89.8	100.9	46.6	90.1	64.0	26.1	30.5	19.0	75.5	46.6	35.0
94	166.6	72.0	104.7	85.7	99.2	44.7	96.5	69.9	26.6	32.8	19.5	83.4	54.8	38.4
95	169.9	75.4	108.1	89.6	100.0	47.0	95.5	68.7	26.8	32.7	20.7	80.8	57.2	37.6
96	173.2	80.7	109.4	89.9	102.6	47.8	92.6	65.5	27.1	28.7	18.6	79.8	53.0	35.7
97	160.1	70.5	99.8	81.7	92.9	42.2	89.3	62.0	27.3	29.4	19.1	71.6	50.8	36.9
98	162.0	72.2	102.5	84.6	95.4	43.8	93.7	66.1	27.6	30.3	20.0	80.8	52.3	37.3
99	169.9	74.7	108.4	90.3	100.3	45.3	95.8	68.0	27.8	33.8	20.7	80.4	53.2	36.2
100	160.1	70.8	99.6	81.8	92.3	42.8	88.9	61.1	27.8	28.9	19.0	75.0	49.1	36.2

续表

序号	h	LL_h	WH_h	HH_h	AH_h	KH_h	H_h	W_h	DWH_h	CD_h	CW_h	A_h	T_h	K_h
101	159.5	68.5	101.0	82.1	94.1	42.1	91.8	63.5	28.3	32.5	18.9	75.8	50.5	36.7
102	171.4	75.2	108.9	90.1	102.4	47.7	101.1	72.7	28.4	33.8	21.6	84.9	60.8	39.9
103	166.6	72.9	105.7	87.1	98.4	45.6	92.9	64.5	28.4	32.8	19.6	79.1	51.8	38.6
104	168.9	70.5	106.5	86.8	100.8	43.4	101.8	73.0	28.8	36.1	20.2	79.4	59.0	38.5
105	167.4	76.0	105.2	85.6	96.8	45.1	100.8	71.1	29.7	29.3	20.1	85.3	58.9	40.8
106	161.9	69.8	101.5	82.9	95.4	43.5	94.3	64.5	29.8	31.7	19.8	77.8	53.0	36.2

注　h表示人体身高；LL_h表示人体腿长；WH_h表示人体腰围高；HH_h表示人体臀围高；AH_h表示人体腹围高；KH_h表示人体膝围高；H_h表示人体臀围；W_h表示人体腰围；DWH_h表示人体腰臀距；CD_h表示人体裆深；CW_h表示人体裆宽；A_h表示人体腹围；T_h表示人体大腿围；K_h表示人体膝围。

附录 2 服装合体性评估结果及数字化服装压力数据（$F1 \sim F10$）

单位：kPa

序号	合体性状况	F1	F2	F3	F4	F5	F6	F7	F8	F9	F10
1	非常松的	6.92	9.57	12.34	3.22	4.35	5.66	7.82	4.35	3.19	5.02
2	非常松的	6.58	8.98	14.74	3.12	6.03	6.35	7.39	5.41	2.64	5.19
3	非常松的	7.58	9.12	8.12	1.78	5.37	7.30	13.33	4.95	1.69	3.91
4	非常松的	10.62	13.12	12.80	3.02	5.95	5.23	9.76	5.39	3.68	4.15
5	非常松的	10.01	4.65	13.47	3.08	5.54	8.68	10.87	5.06	3.65	3.36
6	非常松的	9.27	11.53	12.31	3.29	6.10	7.23	7.92	5.46	2.59	5.09
7	非常松的	5.05	7.05	14.47	2.83	4.77	5.86	10.32	4.44	2.37	4.78
8	非常松的	13.31	11.80	30.57	2.43	4.23	8.86	23.15	4.37	1.24	2.64
9	非常松的	4.83	8.92	10.85	2.38	4.11	6.19	11.18	4.72	2.67	4.97
10	松的	14.59	16.56	19.76	2.27	4.11	6.32	8.33	4.04	2.24	4.04
11	松的	21.51	26.90	29.51	3.82	5.17	5.88	4.95	4.21	3.14	3.84
12	松的	17.34	22.56	20.04	3.34	4.33	7.41	8.94	4.23	1.93	3.41
13	松的	15.66	18.35	41.54	3.54	6.46	7.26	11.84	5.42	2.32	2.67
14	松的	40.91	24.42	10.13	3.42	4.31	13.18	23.41	3.90	2.65	2.88
15	松的	10.65	19.53	18.32	1.96	4.61	12.41	14.93	4.39	2.23	3.52
16	松的	14.40	21.80	19.32	4.32	4.23	7.60	11.61	4.40	2.43	3.60
17	松的	10.92	3.36	12.43	2.87	3.98	7.90	23.31	4.68	2.40	4.23
18	松的	13.12	17.44	7.20	3.57	4.52	5.96	9.10	4.30	2.24	4.03
19	松的	13.31	15.86	14.97	4.22	4.55	9.57	19.59	4.55	2.64	3.93
20	松的	17.29	21.53	21.09	3.60	5.87	6.85	9.31	5.40	3.13	4.16
21	松的	13.80	17.34	5.91	3.85	4.57	6.20	9.67	4.39	2.25	4.44
22	松的	21.99	24.50	21.92	3.56	6.20	12.37	42.50	5.22	3.28	3.28
23	松的	2.50	7.30	10.04	2.89	4.20	10.93	23.73	5.65	3.06	3.71
24	松的	5.37	9.59	10.96	3.57	5.54	17.53	20.14	5.51	1.75	3.02
25	松的	3.92	7.57	10.17	3.20	3.67	12.92	40.45	3.77	4.78	5.48
26	正常的	5.79	8.45	9.35	2.62	3.91	12.79	39.95	3.76	3.27	4.84
27	正常的	7.17	10.38	10.97	2.31	3.28	12.66	40.14	4.06	2.26	2.15
28	正常的	8.63	11.83	13.79	2.55	3.94	12.57	27.42	4.13	2.40	1.96
29	正常的	4.95	8.71	10.87	4.52	5.79	15.08	35.91	6.34	5.49	3.07
30	正常的	6.98	10.29	10.41	4.24	5.46	14.91	34.85	5.87	4.82	4.01
31	正常的	5.81	9.42	9.20	5.07	5.54	14.67	39.77	7.76	6.33	4.85
32	正常的	5.44	8.69	10.49	5.08	6.71	15.02	41.87	7.61	6.72	6.71

续表

序号	合体性状况	F1	F2	F3	F4	F5	F6	F7	F8	F9	F10
33	正常的	6.56	9.88	11.57	4.96	5.32	15.09	39.26	6.88	6.14	7.96
34	正常的	5.87	10.42	12.42	5.70	5.97	14.78	40.93	7.77	7.02	9.08
35	正常的	6.70	10.25	10.88	6.45	6.54	14.18	45.22	8.36	8.49	13.23
36	正常的	3.75	6.49	9.91	3.58	5.13	12.65	33.69	5.78	4.43	3.64
37	正常的	4.73	7.33	11.21	3.91	5.12	14.19	38.45	6.05	4.65	2.15
38	正常的	4.95	8.07	12.46	3.86	3.40	12.86	28.87	4.86	3.99	3.02
39	正常的	5.90	9.60	11.06	4.08	5.44	13.31	34.49	6.17	4.15	2.24
40	正常的	6.40	9.75	10.92	3.97	5.01	14.16	34.72	5.77	4.70	4.02
41	正常的	6.35	9.60	9.02	4.85	5.50	14.74	38.30	6.64	5.60	5.71
42	正常的	6.47	9.88	11.23	4.70	6.41	15.26	38.78	6.85	6.30	6.13
43	正常的	5.20	8.76	10.94	5.38	5.92	15.28	42.11	7.48	7.32	8.07
44	正常的	6.27	9.96	11.64	5.35	5.67	14.62	40.80	8.21	7.27	9.87
45	正常的	6.17	10.16	11.80	5.95	7.07	15.85	43.25	8.08	8.07	12.20
46	正常的	9.80	12.35	12.31	4.50	5.25	10.46	29.67	5.73	3.79	2.39
47	正常的	6.77	9.50	9.42	4.31	4.03	14.04	33.88	4.39	4.32	8.32
48	正常的	8.26	11.51	8.80	4.64	18.96	12.05	27.96	4.67	4.06	6.37
49	紧的	22.64	30.24	28.56	23.87	18.55	26.68	54.67	19.41	23.36	26.88
50	紧的	25.35	29.86	24.00	17.10	15.81	21.47	77.37	16.54	15.97	19.44
51	紧的	14.86	18.78	17.68	20.35	17.73	22.37	95.47	18.66	18.56	19.30
52	紧的	26.93	31.62	27.66	18.32	21.50	16.09	56.23	13.92	13.00	14.56
53	紧的	12.40	17.45	31.65	21.03	15.90	18.76	65.00	12.99	18.97	13.90
54	紧的	19.81	28.33	24.15	21.86	16.64	19.16	78.30	17.76	19.81	15.94
55	紧的	16.86	21.26	28.35	16.92	9.41	19.01	58.82	10.65	14.05	12.48
56	紧的	13.24	21.19	23.34	13.46	7.68	16.35	41.80	8.94	11.14	11.64
57	紧的	11.49	17.80	14.97	15.62	13.96	28.12	61.43	16.05	14.24	14.51
58	紧的	12.56	18.51	19.33	13.18	12.44	24.58	75.60	13.69	11.06	9.47
59	紧的	7.28	10.27	8.02	10.30	8.99	17.01	50.64	14.18	12.33	14.10
60	紧的	19.94	25.48	23.24	21.93	16.09	28.12	59.49	18.81	17.76	16.35
61	紧的	18.37	28.97	26.09	12.56	10.62	26.96	46.78	9.99	12.38	11.86
62	紧的	17.87	23.38	22.18	17.46	14.61	14.68	43.36	12.27	12.66	17.92
63	紧的	18.51	24.90	21.88	7.27	10.55	13.05	33.72	6.53	4.78	5.58
64	紧的	17.20	22.37	17.92	8.57	8.35	9.40	40.06	5.00	5.59	6.86
65	非常紧的	64.00	72.19	60.45	48.51	44.23	41.37	56.77	41.65	40.08	42.95
66	非常紧的	54.08	64.12	50.51	37.64	39.71	29.37	60.72	34.12	35.95	41.69

续表

序号	合体性状况	$F1$	$F2$	$F3$	$F4$	$F5$	$F6$	$F7$	$F8$	$F9$	$F10$
67	非常紧的	56.25	65.31	51.44	39.63	37.43	35.65	60.45	33.98	32.71	28.63
68	非常紧的	40.92	48.56	49.82	28.59	30.13	26.97	67.30	22.98	22.25	20.57
69	非常紧的	30.20	41.77	38.08	17.21	16.19	25.70	53.47	13.31	12.33	11.86
70	非常紧的	29.53	41.24	38.68	24.26	16.76	17.01	67.66	23.35	20.12	19.57
71	非常紧的	25.04	27.31	16.54	17.42	16.49	20.14	83.93	16.06	15.40	15.59
72	非常紧的	30.81	36.80	36.99	20.15	25.20	18.77	58.13	15.70	16.54	17.48

附录3　服装合体性评估结果及数字化服装压力数据（$F11$ ~ $B5$）　单位：kPa

序号	合体性状况	$F11$	$F12$	$F13$	$F14$	$F15$	$B1$	$B2$	$B3$	$B4$	$B5$
1	非常松的	2.84	5.37	4.19	1.75	5.40	25.43	16.65	5.13	3.43	1.67
2	非常松的	3.39	5.32	4.14	1.91	5.22	28.25	17.67	4.19	2.67	1.15
3	非常松的	3.29	6.18	5.14	2.02	3.89	15.92	12.80	3.92	1.69	0.47
4	非常松的	3.39	5.10	4.34	2.22	4.58	15.93	14.98	4.24	2.36	1.15
5	非常松的	3.18	6.30	5.25	1.46	4.46	5.54	17.95	2.39	0.47	0.33
6	非常松的	3.77	5.43	4.59	2.16	4.59	23.39	20.74	3.14	1.75	0.21
7	非常松的	3.07	5.52	4.40	1.84	4.95	22.71	16.27	4.81	2.31	0.94
8	非常松的	3.56	4.69	2.34	2.00	2.40	35.11	12.51	1.75	1.26	0.50
9	非常松的	2.93	5.19	4.49	1.85	5.22	24.18	14.32	4.78	2.67	1.02
10	松的	2.78	6.10	1.95	1.74	4.38	9.37	26.35	3.97	2.06	0.58
11	松的	2.82	5.64	1.86	1.66	4.23	34.33	29.89	4.00	2.63	1.16
12	松的	3.06	3.14	1.83	1.85	3.27	43.30	36.70	1.72	0.59	0.15
13	松的	3.85	3.37	2.06	2.09	3.50	44.20	40.01	2.20	0.64	0.35
14	松的	2.80	6.27	5.11	1.55	3.42	4.31	33.04	2.90	1.78	0.47
15	松的	3.03	6.59	2.31	1.87	3.21	8.29	25.36	1.12	0.80	0.16
16	松的	2.76	3.26	2.16	1.51	4.32	12.92	18.48	1.67	1.74	0.45
17	松的	3.64	6.06	4.58	6.06	3.89	18.01	24.30	2.57	2.44	0.23
18	松的	2.61	6.39	2.15	1.41	4.21	29.10	28.20	4.00	1.51	0.27
19	松的	2.82	6.44	1.73	2.03	3.60	35.78	28.32	2.35	1.67	0.32
20	松的	4.05	5.93	4.53	2.33	4.48	24.74	33.74	2.36	1.33	0.19
21	松的	3.00	5.82	1.61	1.65	4.56	13.59	28.78	4.58	1.88	0.79
22	松的	3.24	6.72	5.19	1.86	3.05	18.85	20.61	1.70	1.97	0.39
23	松的	2.63	6.88	5.50	1.37	4.14	17.06	16.43	2.29	0.78	0.22
24	松的	3.37	6.80	5.31	1.74	3.81	14.38	18.04	4.01	0.42	0.37
25	松的	5.02	4.55	4.78	2.11	1.28	11.66	11.85	5.81	5.79	5.89
26	正常的	3.91	4.81	5.00	2.61	2.44	8.81	10.45	4.11	3.21	5.81
27	正常的	3.63	6.88	2.35	1.99	1.81	12.01	12.34	5.08	2.59	1.32
28	正常的	3.88	6.87	2.50	1.83	2.59	13.89	14.02	5.95	1.06	1.04
29	正常的	3.72	6.37	4.83	2.14	2.91	8.96	13.86	6.86	3.11	3.01
30	正常的	4.53	5.78	5.22	2.23	2.33	12.43	13.72	6.89	3.60	5.58
31	正常的	5.29	5.60	5.52	2.06	1.74	13.42	15.27	8.26	4.98	7.27
32	正常的	6.30	5.51	5.78	2.26	1.09	14.04	15.26	8.00	5.08	7.62

续表

序号	合体性状况	F11	F12	F13	F14	F15	B1	B2	B3	B4	B5
33	正常的	6.23	6.07	6.09	1.78	0.84	13.52	14.14	8.93	4.10	9.71
34	正常的	9.54	7.78	6.28	2.80	0.89	14.17	14.31	9.13	5.38	11.59
35	正常的	14.29	12.14	7.68	6.73	4.01	13.12	13.24	9.96	6.92	13.71
36	正常的	3.86	7.86	5.62	1.92	2.31	14.61	16.64	14.75	3.15	2.72
37	正常的	2.59	7.71	2.70	1.67	2.09	14.68	16.60	6.20	3.31	1.00
38	正常的	2.32	7.64	2.97	1.52	3.39	14.63	16.51	7.33	2.09	0.88
39	正常的	3.90	6.31	4.74	2.19	1.86	12.00	13.44	6.21	2.11	3.17
40	正常的	4.22	5.90	5.22	2.42	2.50	12.83	13.36	7.16	3.63	5.28
41	正常的	5.96	5.56	5.52	1.96	1.28	13.74	14.74	8.61	4.43	6.79
42	正常的	6.56	5.62	5.99	2.21	1.21	13.32	14.27	8.22	4.27	8.49
43	正常的	7.21	6.23	6.25	2.81	0.61	13.50	14.35	9.40	5.59	9.35
44	正常的	8.17	7.45	6.90	2.76	0.78	13.45	14.10	9.50	6.41	10.50
45	正常的	12.45	11.91	7.38	6.00	3.39	13.98	14.19	9.99	7.44	14.16
46	正常的	4.21	6.89	5.41	2.48	2.39	15.82	16.42	7.93	0.28	3.21
47	正常的	6.71	5.85	6.34	2.30	0.97	10.55	11.21	6.85	5.49	8.29
48	正常的	5.07	7.12	6.28	2.04	0.74	12.17	13.54	7.49	5.81	7.43
49	紧的	22.01	24.12	11.54	12.27	16.21	47.76	67.26	27.44	18.66	29.31
50	紧的	17.23	18.55	6.06	4.25	3.61	55.81	64.24	21.76	14.14	24.31
51	紧的	20.59	28.65	7.32	8.50	8.38	32.55	50.28	17.80	15.18	23.64
52	紧的	11.91	12.18	5.76	3.03	3.82	34.59	43.32	18.35	7.91	14.09
53	紧的	14.27	13.06	5.10	2.27	2.50	43.60	48.87	17.42	14.72	9.32
54	紧的	18.97	15.98	5.35	3.38	4.02	54.06	44.62	20.70	13.42	16.21
55	紧的	13.03	13.85	3.33	2.85	3.04	24.12	60.27	15.65	10.01	14.64
56	紧的	10.55	14.19	3.88	3.07	2.85	49.26	62.84	19.28	8.37	15.35
57	紧的	17.56	26.10	6.47	4.41	5.34	27.70	33.14	15.06	10.45	18.96
58	紧的	12.25	11.86	2.64	2.76	2.18	61.89	46.02	15.94	12.53	14.48
59	紧的	15.72	12.75	6.16	2.28	4.19	28.90	32.81	12.29	8.33	13.83
60	紧的	17.11	17.21	6.03	3.14	4.78	32.43	40.83	20.62	13.20	15.55
61	紧的	10.33	8.75	2.37	2.78	3.93	49.77	29.13	13.70	10.67	10.62
62	紧的	15.37	17.23	5.34	5.02	3.75	37.07	59.08	19.71	11.43	21.74
63	紧的	4.91	7.67	7.19	2.35	1.90	66.05	56.96	8.55	5.14	7.28
64	紧的	5.43	6.84	7.52	2.33	2.32	40.66	29.33	7.87	6.58	12.74
65	非常紧的	39.46	38.27	25.94	24.83	28.84	70.46	79.93	42.97	30.25	41.47
66	非常紧的	39.35	41.77	30.28	31.33	30.40	62.64	80.69	45.24	30.71	45.41

续表

序号	合体性状况	$F11$	$F12$	$F13$	$F14$	$F15$	$B1$	$B2$	$B3$	$B4$	$B5$
67	非常紧的	27.29	29.35	9.73	7.54	6.23	96.70	82.96	43.91	33.00	32.12
68	非常紧的	18.09	16.45	6.26	2.51	3.74	70.15	52.24	29.78	18.67	21.47
69	非常紧的	13.72	13.35	3.07	2.65	3.53	53.40	46.08	20.04	15.15	13.24
70	非常紧的	20.99	17.11	7.67	4.55	4.07	23.47	29.56	10.40	8.07	15.56
71	非常紧的	15.09	17.16	2.98	3.03	2.48	38.16	51.16	18.39	13.61	18.20
72	非常紧的	13.03	12.54	6.10	2.65	3.99	53.92	42.91	21.92	10.33	15.13

附录 4　ADSJFP2016 部分代码

```
Public b As Single
Private Sub Exit_Click()
If MsgBox( "Do you want to quit JSPRS 2015?" , vbYesNo, "JPRS 2015" ) = vbYes Then End
End Sub

Private Sub Exitlogin_Click()
Dim sql As String
Dim conn As New ADODB.Connection
Dim rs_login As New ADODB.Recordset

conn.Open "Provider=Microsoft.Jet.OleDb.4.0;Data Source=" & App.Path & "\test.mdb;Jet OleDb:DataBase Password=************"
sql = "select * from test_info"
rs_login.Open sql, conn, adOpenKeyset, adLockPessimistic

rs_login( "记住密码" ) = 0
rs_login.Update
MsgBox "Successful exit auto login ! " , vbOKOnly + vbExclamation, "Exit auto login"
End Sub
.
.
.
If (Style = 3) And (FE = 3) Then W = Waist - 4
ElseIf (Style = 3) And (FE = 2) Then W = Waist - 2
ElseIf (Style = 3) And (FE = 1) Then W = Waist
ElseIf (Style = 3) And (FE = 0) Then W = Waist + 2
ElseIf (Style = 2) And (FE = 3) Then W = Waist - 5
ElseIf (Style = 2) And (FE = 2) Then W = Waist - 3
ElseIf (Style = 2) And (FE = 1) Then W = Waist - 1
ElseIf (Style = 2) And (FE = 0) Then W = Waist + 1
ElseIf (Style = 1) And (FE = 3) Then W = Waist - 7
ElseIf (Style = 1) And (FE = 2) Then W = Waist - 5
ElseIf (Style = 1) And (FE = 1) Then W = Waist - 3
ElseIf (Style = 1) And (FE = 0) Then W = Waist - 1
End If
```

```
If (Style = 3) And (FE = 3) Then
If Hip > 100 Then H = Hip + 2
ElseIf Hip >= 80 Then H = Hip + Hip / 5 - 18
ElseIf Hip < 80 Then H = Hip - 2
End If

ElseIf (Style = 3) And (FE = 2) Then
If Hip > 100 Then H = Hip + 6
ElseIf Hip >= 80 Then H = Hip + Hip / 5 - 14
ElseIf Hip < 80 Then H = Hip + 2
End If

ElseIf (Style = 3) And (FE = 1) Then
If Hip > 100 Then H = Hip + 10
ElseIf Hip >= 80 Then H = Hip + Hip / 5 - 10
ElseIf Hip < 80 Then H = Hip + 6
End If
ElseIf (Style = 3) And (FE = 0) Then
If Hip > 100 Then H = Hip + 14
ElseIf Hip >= 80 Then H = Hip + Hip / 5 - 6
ElseIf Hip < 80 Then H = Hip + 10
End If

ElseIf (Style = 2) And (FE = 3) Then
If Hip > 100 Then
H = Hip - 2
ElseIf Hip >= 80 Then
H = Hip + Hip / 5 - 22
ElseIf Hip < 80 Then
H = Hip - 6
End If

ElseIf (Style = 2) And (FE = 2) Then
If Hip > 100 Then H = Hip + 2
ElseIf Hip >= 80 Then H = Hip + Hip / 5 - 18
ElseIf Hip < 80 Then H = Hip - 2
End If

ElseIf (Style = 2) And (FE = 1) Then
If Hip > 100 Then H = Hip + 6
```

```
ElseIf Hip >= 80 Then H = Hip + Hip / 5 - 14
ElseIf Hip < 80 Then H = Hip + 2
End If

ElseIf (Style = 2) And (FE = 0) Then
If Hip > 100 Then H = Hip + 10
ElseIf Hip >= 80 Then H = Hip + Hip / 5 - 10
ElseIf Hip < 80 Then H = Hip + 6
End If

ElseIf (Style = 1) And (FE = 3) Then
If Hip > 100 Then H = Hip - 6
ElseIf Hip >= 80 Then H = Hip + Hip / 5 - 26
ElseIf Hip < 80 Then H = Hip - 10
End If

ElseIf (Style = 1) And (FE = 2) Then
If Hip > 100 Then H = Hip - 2
ElseIf Hip >= 80 Then H = Hip + Hip / 5 - 22
ElseIf Hip < 80 Then H = Hip - 6
End If

ElseIf (Style = 1) And (FE = 1) Then
If Hip > 100 Then H = Hip + 2
ElseIf Hip >= 80 Then H = Hip + Hip / 5 - 18
ElseIf Hip < 80 Then H = Hip - 2
End If

ElseIf (Style = 1) And (FE = 0) Then
If Hip > 100 Then H = Hip + 6
ElseIf Hip >= 80 Then H = Hip + Hip / 5 - 14
ElseIf Hip < 80 Then H = Hip + 2
End If

End If

CD = 0.2206 * ST - 6.178
SCD = 0.2206 * ST - 6.178
TL = 0.747 * ST - 19.344
STL = 0.747 * ST - 19.344
```

```
If (SI = 1) Or (SI = 2) Or (SI = 3) Then KH = (0.3669 * ST -
15.911)
Else: KH = (0.3669 * ST - 15.911 + (TL - 0.3669 * ST + 15.911 -
CD) / 2)
End If

SKH = KH
DWH = 2 / 3 * CD
CW = 0.135 * H

If H - W > 52 Then FCDD = -3.5
ElseIf H - W > 47 Then FCDD = -3.5
ElseIf H - W > 42 Then FCDD = -3
ElseIf H - W > 37 Then FCDD = -3
ElseIf H - W > 32 Then FCDD = -3
ElseIf H - W > 27 Then FCDD = -2.5
ElseIf H - W > 22 Then FCDD = -2.5
ElseIf H - W > 17 Then FCDD = -2.5
ElseIf H - W > 12 Then FCDD = -2
ElseIf H - W > 7 Then FCDD = -2
ElseIf H - W > 2 Then FCDD = -2
ElseIf H - W > -3 Then FCDD = 0
ElseIf H - W > -8 Then FCDD = 0
ElseIf H - W > -13 Then FCDD = 0
ElseIf H - W > -18 Then FCDD = 0
ElseIf H - W > -23 Then FCDD = 0
ElseIf H - W > -28 Then FCDD = 0
ElseIf H - W > -33 Then FCDD = 0
ElseIf H - W > -38 Then FCDD = 0
Else: FCDD = 0
End If

SFCDD = FCDD

If H - W > 52 Then FCDW = -4
ElseIf H - W > 47 Then FCDW = -4
ElseIf H - W > 42 Then FCDW = -3
ElseIf H - W > 37 Then FCDW = -3
ElseIf H - W > 32 Then FCDW = -3
ElseIf H - W > 27 Then FCDW = -2.5
ElseIf H - W > 22 Then FCDW = -2.5
```

```
ElseIf H - W > 17 Then FCDW = -2.5
ElseIf H - W > 12 Then FCDW = -1.5
ElseIf H - W > 7 Then FCDW = -1
ElseIf H - W > 2 Then FCDW = -0.2
ElseIf H - W > -3 Then FCDW = 0
ElseIf H - W > -8 Then FCDW = 1
ElseIf H - W > -13 Then FCDW = 1.5
ElseIf H - W > -18 Then FCDW = 2
ElseIf H - W > -23 Then FCDW = 2.8
ElseIf H - W > -28 Then FCDW = 3.5
ElseIf H - W > -33 Then FCDW = 4
ElseIf H - W > -38 Then FCDW = 4.75
Else: FCDW = 5
End If

If (Style = 1) And (SI = 1) And (LWJ = 1) Then SB = 0.2 * H - 9
ElseIf (Style = 1) And (SI = 1) And (LWJ = 2) Then SB = 0.2 * H - 7
ElseIf (Style = 1) And (SI = 1) And (LWJ = 3) Then SB = 0.2 * H - 5
ElseIf (Style = 1) And (SI = 2) And (LWJ = 1) Then SB = 0.2 * H - 5
ElseIf (Style = 1) And (SI = 2) And (LWJ = 2) Then SB = 0.2 * H - 3
ElseIf (Style = 1) And (SI = 2) And (LWJ = 3) Then SB = 0.2 * H - 1
ElseIf (Style = 1) And (SI = 3) And (LWJ = 1) Then SB = 0.2 * H + 1
ElseIf (Style = 1) And (SI = 3) And (LWJ = 2) Then SB = 0.2 * H + 3
ElseIf (Style = 1) And (SI = 3) And (LWJ = 3) Then SB = 0.2 * H + 5
ElseIf (Style = 1) And (SI = 4) And (LWJ = 1) Then SB = 0.2 * H + 1
ElseIf (Style = 1) And (SI = 4) And (LWJ = 2) Then SB = 0.2 * H + 3
ElseIf (Style = 1) And (SI = 4) And (LWJ = 3) Then SB = 0.2 * H + 5
ElseIf (Style = 2) And (SI = 1) And (LWJ = 1) Then SB = 0.2 * H - 7
ElseIf (Style = 2) And (SI = 1) And (LWJ = 2) Then SB = 0.2 * H - 5
ElseIf (Style = 2) And (SI = 1) And (LWJ = 3) Then SB = 0.2 * H - 3
ElseIf (Style = 2) And (SI = 2) And (LWJ = 1) Then SB = 0.2 * H - 3
ElseIf (Style = 2) And (SI = 2) And (LWJ = 2) Then SB = 0.2 * H - 1
ElseIf (Style = 2) And (SI = 2) And (LWJ = 3) Then SB = 0.2 * H + 1
ElseIf (Style = 2) And (SI = 3) And (LWJ = 1) Then SB = 0.2 * H + 3
ElseIf (Style = 2) And (SI = 3) And (LWJ = 2) Then SB = 0.2 * H + 5
ElseIf (Style = 2) And (SI = 3) And (LWJ = 3) Then SB = 0.2 * H + 7
ElseIf (Style = 2) And (SI = 4) And (LWJ = 1) Then SB = 0.2 * H + 3
ElseIf (Style = 2) And (SI = 4) And (LWJ = 2) Then SB = 0.2 * H + 5
ElseIf (Style = 2) And (SI = 4) And (LWJ = 3) Then SB = 0.2 * H + 7
ElseIf (Style = 3) And (SI = 1) And (LWJ = 1) Then SB = 0.2 * H - 5
ElseIf (Style = 3) And (SI = 1) And (LWJ = 2) Then SB = 0.2 * H - 3
```

```
ElseIf (Style = 3) And (SI = 1) And (LWJ = 3) Then SB = 0.2 * H - 1
ElseIf (Style = 3) And (SI = 2) And (LWJ = 1) Then SB = 0.2 * H - 1
ElseIf (Style = 3) And (SI = 2) And (LWJ = 2) Then SB = 0.2 * H + 1
ElseIf (Style = 3) And (SI = 2) And (LWJ = 3) Then SB = 0.2 * H + 3
ElseIf (Style = 3) And (SI = 3) And (LWJ = 1) Then SB = 0.2 * H + 5
ElseIf (Style = 3) And (SI = 3) And (LWJ = 2) Then SB = 0.2 * H + 7
ElseIf (Style = 3) And (SI = 3) And (LWJ = 3) Then SB = 0.2 * H + 9
ElseIf (Style = 3) And (SI = 4) And (LWJ = 1) Then SB = 0.2 * H + 5
ElseIf (Style = 3) And (SI = 4) And (LWJ = 2) Then SB = 0.2 * H + 7
ElseIf (Style = 3) And (SI = 4) And (LWJ = 3) Then SB = 0.2 * H + 9
End If

FSB = SB - 2
SFSB = FSB
BSB = SB + 2
SBSB = BSB

If W > 80 Then FPW = 11
ElseIf W >= 60 Then FPW = W / 10 + 3
ElseIf W < 60 Then FPW = 9
End If

SFPW = FPW
FPD = FPW / 2
SFPD = FPD

If W > 90 Then BPUW = 16
ElseIf W >= 80 Then BPUW = 15
ElseIf W >= 70 Then BPUW = 14
ElseIf W < 70 Then BPUW = 13
End If

SBPUW = BPUW

If W > 90 Then BPD = 14.5
ElseIf W >= 80 Then BPD = 13.5
ElseIf W >= 70 Then BPD = 12.5
ElseIf W < 70 Then BPD = 11.5
End If

SBPD = BPD
```

```
If W > 90 Then BPLW = 13
ElseIf W >= 80 Then BPLW = 12
ElseIf W >= 70 Then BPLW = 11
ElseIf W < 70 Then BPLW = 10
End If

SBPLW = BPLW

If W > 90 Then BPSD = 3
ElseIf W >= 80 Then BPSD = 2.5
ElseIf W >= 70 Then BPSD = 2.5
ElseIf W < 70 Then BPSD = 2
End If

SBPSD = BPSD

If W > 80 Then WPW = 7
ElseIf W >= 60 Then WPW = 6
ElseIf W < 60 Then WPW = 5
End If

SWPW = WPW

If W > 80 Then WPD = 8
ElseIf W >= 60 Then WPD = 7
ElseIf W < 60 Then WPD = 6
End If

If WHC = 0 Then LY = 4
ElseIf WHC = 1 Then LY = 5
ElseIf WHC = 2 Then LY = 6
ElseIf WHC = 3 Then LY = 7
Else: LY = 8
End If

SLY = LY

If WHC = 0 Then RY = 1.5
ElseIf WHC = 1 Then RY = 2.5
ElseIf WHC = 2 Then RY = 3.5
```

```
ElseIf WHC = 3 Then RY = 4.5
Else: RY = 5.5
End If

SRY = RY

If (Style = 1) And (SI = 1) And (LWJ = 1) Then LW = 0.2 * H - 3
ElseIf (Style = 1) And (SI = 1) And (LWJ = 2) Then LW = 0.2 * H - 3
ElseIf (Style = 1) And (SI = 1) And (LWJ = 3) Then LW = 0.2 * H - 3
ElseIf (Style = 1) And (SI = 2) And (LWJ = 1) Then LW = 0.2 * H - 5
ElseIf (Style = 1) And (SI = 2) And (LWJ = 2) Then LW = 0.2 * H - 3
ElseIf (Style = 1) And (SI = 2) And (LWJ = 3) Then LW = 0.2 * H - 1
ElseIf (Style = 1) And (SI = 3) And (LWJ = 1) Then LW = 0.2 * H - 3
ElseIf (Style = 1) And (SI = 3) And (LWJ = 2) Then LW = 0.2 * H - 3
ElseIf (Style = 1) And (SI = 3) And (LWJ = 3) Then LW = 0.2 * H - 3
ElseIf (Style = 1) And (SI = 4) And (LWJ = 1) Then LW = 0.2 * H - 2
ElseIf (Style = 1) And (SI = 4) And (LWJ = 2) Then LW = 0.2 * H - 2
ElseIf (Style = 1) And (SI = 4) And (LWJ = 3) Then LW = 0.2 * H - 2
ElseIf (Style = 2) And (SI = 1) And (LWJ = 1) Then LW = 0.2 * H - 1
ElseIf (Style = 2) And (SI = 1) And (LWJ = 2) Then LW = 0.2 * H - 1
ElseIf (Style = 2) And (SI = 1) And (LWJ = 3) Then LW = 0.2 * H - 1
ElseIf (Style = 2) And (SI = 2) And (LWJ = 1) Then LW = 0.2 * H - 3
ElseIf (Style = 2) And (SI = 2) And (LWJ = 2) Then LW = 0.2 * H - 1
ElseIf (Style = 2) And (SI = 2) And (LWJ = 3) Then LW = 0.2 * H + 1
ElseIf (Style = 2) And (SI = 3) And (LWJ = 1) Then LW = 0.2 * H - 1
ElseIf (Style = 2) And (SI = 3) And (LWJ = 2) Then LW = 0.2 * H - 1
ElseIf (Style = 2) And (SI = 3) And (LWJ = 3) Then LW = 0.2 * H - 1
ElseIf (Style = 2) And (SI = 4) And (LWJ = 1) Then LW = 0.2 * H
ElseIf (Style = 2) And (SI = 4) And (LWJ = 2) Then LW = 0.2 * H
ElseIf (Style = 2) And (SI = 4) And (LWJ = 3) Then LW = 0.2 * H
ElseIf (Style = 3) And (SI = 1) And (LWJ = 1) Then LW = 0.2 * H + 1
ElseIf (Style = 3) And (SI = 1) And (LWJ = 2) Then LW = 0.2 * H + 1
ElseIf (Style = 3) And (SI = 1) And (LWJ = 3) Then LW = 0.2 * H + 1
ElseIf (Style = 3) And (SI = 2) And (LWJ = 1) Then LW = 0.2 * H - 1
ElseIf (Style = 3) And (SI = 2) And (LWJ = 2) Then LW = 0.2 * H + 1
ElseIf (Style = 3) And (SI = 2) And (LWJ = 3) Then LW = 0.2 * H + 3
ElseIf (Style = 3) And (SI = 3) And (LWJ = 1) Then LW = 0.2 * H + 1
ElseIf (Style = 3) And (SI = 3) And (LWJ = 2) Then LW = 0.2 * H + 1
ElseIf (Style = 3) And (SI = 3) And (LWJ = 3) Then LW = 0.2 * H + 1
ElseIf (Style = 3) And (SI = 4) And (LWJ = 1) Then LW = 0.2 * H + 2
ElseIf (Style = 3) And (SI = 4) And (LWJ = 2) Then LW = 0.2 * H + 2
```

```
ElseIf (Style = 3) And (SI = 4) And (LWJ = 3) Then LW = 0.2 * H + 2
End If

FLW = LW - 2
SFLW = FLW
BLW_ = LW + 2
SBLW_ = BLW_

If JL = 10 Then JLC = TL - CD
ElseIf JL = 9 Then JLC = TL - CD - 1 / 3 * KH
ElseIf JL = 7 Then JLC = TL - CD - 2 / 3 * KH
ElseIf JL = 5 Then JLC = TL - CD - KH
ElseIf JL = 3 Then JLC = 2 / 3 * (TL - CD - KH)
ElseIf JL = 1 Then JLC = (TL - CD - KH) / 3
End If

SJLC = JLC
WBW = 3.5
SWBW = 3.5

If WHC = 3 Then WH = WBW
ElseIf WHC = 2 Then WH = WBW + 4
ElseIf WHC = 1 Then WH = WBW + 8
ElseIf WHC = 0 Then WH = WBW + 12
End If

If WHC = 3 Then SWH = SWBW
ElseIf WHC = 2 Then SWH = SWBW + 4
ElseIf WHC = 1 Then SWH = SWBW + 8
ElseIf WHC = 0 Then SWH = SWBW + 12
End If

If WHC = 3 Then UWL = 0
ElseIf WHC = 2 Then UWL = 4
ElseIf WHC = 1 Then UWL = 8
ElseIf WHC = 0 Then UWL = 12
End If

If WHC = 3 Then SUWL = 0
ElseIf WHC = 2 Then SUWL = 4
ElseIf WHC = 1 Then SUWL = 8
```

```
ElseIf WHC = 0 Then SUWL = 12
End If

If (JL = 10) Or (JL = 9) Or (JL = 7) Then SL = 15
ElseIf JL = 5 Then SL = 10 ElseIf JL = 3 Then
SL = 5
ElseIf JL = 1 Then SL = 5
End If

If ST > 180 Then IPSD = 19
ElseIf ST >= 170 Then IPSD = 17.5
ElseIf ST >= 160 Then IPSD = 16
ElseIf ST >= 150 Then IPSD = 14.5
Else: IPSD = 13
End If

R1 = 0.25
R2 = 1
R3 = R2 * 2
SR2 = R2

If H - W > 52 Then ABC = 1.5
ElseIf H - W > 47 Then ABC = 2
ElseIf H - W > 42 Then ABC = 2.5
ElseIf H - W > 37 Then ABC = 2.5
ElseIf H - W > 32 Then ABC = 3
ElseIf H - W > 27 Then ABC = 3
ElseIf H - W > 22 Then ABC = 3
ElseIf H - W > 17 Then ABC = 3
ElseIf H - W > 12 Then ABC = 3
ElseIf H - W > 7 Then ABC = 3
ElseIf H - W > 2 Then ABC = 3
ElseIf H - W > -3 Then ABC = 4
ElseIf H - W > -8 Then ABC = 4
ElseIf H - W > -13 Then ABC = 4
ElseIf H - W > -18 Then ABC = 4
ElseIf H - W > -23 Then ABC = 4
ElseIf H - W > -28 Then ABC = 4
ElseIf H - W > -33 Then ABC = 4.5
ElseIf H - W > -38 Then ABC = 5
Else: ABC = 6
```

```
End If

SABC = 0.5
If H - W > 52 Then TABC = 20
ElseIf H - W > 47 Then TABC = 19
ElseIf H - W > 42 Then TABC = 18
ElseIf H - W > 37 Then TABC = 17
ElseIf H - W > 32 Then TABC = 16
ElseIf H - W > 27 Then TABC = 15
ElseIf H - W > 22 Then TABC = 14
ElseIf H - W > 17 Then TABC = 13
ElseIf H - W > 12 Then TABC = 12
ElseIf H - W > 7 Then TABC = 11
ElseIf H - W > 2 Then TABC = 10
ElseIf H - W > -3 Then TABC = 9
ElseIf H - W > -8 Then TABC = 8
ElseIf H - W > -13 Then TABC = 7
ElseIf H - W > -18 Then TABC = 6
ElseIf H - W > -23 Then TABC = 5
ElseIf H - W > -28 Then TABC = 4
ElseIf H - W > -33 Then TABC = 3
ElseIf H - W > -38 Then TBC = 2
Else: TABC = 1
End If

HFW = W / 4 - 1
SHFW = HFW
HBW = W / 4 + 1
SHBW = HBW
CFWCCP = 0.1
SCFWCCP = CFWCCP
SCFWCCA = 90
SFWCCP = 0.1
SSFWCCP = SFWCCP
SFWCCA = 90
SSFWCCA = SFWCCA
SHFW = W / 4 * 4 / 5
SHBW = W / 4 * 4 / 5
CBWCCP = 0.1
SCBWCCP = CBWCCP
SBWCCP = 0.1
```

```
SSBWCCP = SBWCCP
CBWCCA = 90
SCBWCCA = CBWCCA
SBWCCA = 90
SSBWCCA = SBWCCA
FCW = 1 / 4 * CW
BCW = 3 / 4 * CW
HFH = H / 4 - 1
HBH = H / 4 + 1
SHFH = 4 / 5 * (H / 4 - 1)
SHBH = 4 / 5 * (H / 4 + 1)
FPCPW = 0.1
SFPCPW = FPCPW
FPCPD = 0.1
SFPCPD = FPCPD
FPCAW = 90
SFPCAW = FPCAW
FPCAD = 90
SFPCAD = FPCAD
FSBCCP = 1
SFSBCCP = FSBCCP
BSBCCP = 1
SBSBCCP = BSBCCP
FSBCCA = 90
SFSBCCA = FSBCCA
BSBCCA = 90
SBSBCCA = BSBCCA
FCCCA = 115
FCCCP = 1
BCCCP = 1

If FCDW < 0 Then UFCCCP = 0.3
Else: UFCCCP = 0.01
End If

If TABC > 0 Then UBCCCP = 0.3
Else: UBCCCP = 0.01
End If

WPSPX = -2
WPSPY = -2
```

```
SWPSPX = WPSPX
SWPSPY = 2 / 3 * WPSPY
FFW = 3.5
SFFW = FFW

If WHC = 3 Then FFLSP = 0.5
ElseIf WHC = 2 Then FFLSP = 1.5
ElseIf WHC = 1 Then FFLSP = 3
ElseIf WHC = 0 Then FFLSP = 5
End If

SFFLSP = FFLSP
FFCCP1 = 0.1
SFFCCP1 = 0.1
FFCCP2 = FFW
SFFCCP2 = FFCCP2
FFCCP3 = FFW
SFFCCP3 = FFCCP3
IFFW = FFW + 0.5
BLW = 1
SBLW = BLW
BLL = WBW + 1
SBLL = BLL

If W > 80 Then BPLSPX = 4.5
ElseIf W > 60 Then BPLSPX = 4
Else: BPLSPX = 3.5
End If

If WHC = 3 Then BPLSPY = 4
ElseIf WHC = 2 Then BPLSPY = 3.5
Else: BPLSPY = 3
End If

SBPLSPX = BPLSPX - 2
SBPLSPY = BPLSPY
LYCCP = 1
SLYCCP = LYCCP
LYCCA = 0.5 * (H - W)
SLYCCA = LYCCA
RYCCP = LYCCP
```

```
SRYCCP = RYCCP
RYCCA = LYCCA
SRYCCA = RYCCA
IPCLCP = 1
IPCRCP = 1
IPCLCA = 85
IPCRCA = 85
FULLWCCP = 0.1
FULLWCCA = 90
BULLWCCP = FULLWCCP
BULLWCCA = FULLWCCA
FLLLWCCP = FULLWCCP
FLLLWCCA = 0
BLLLWCCP = FULLWCCP
BLLLWCCA = FLLLWCCA
FURLWCCP = FULLWCCP
FURLWCCA = FULLWCCA
BURLWCCP = FULLWCCP
BURLWCCA = FULLWCCA
FLRLWCCP = FULLWCCP
FLRLWCCA = FLLLWCCA
BLRLWCCP = FULLWCCP
BLRLWCCA = FLLLWCCA
SFULLWCCP = 0.1
SFULLWCCA = 90
SBULLWCCP = SFULLWCCP
SBULLWCCA = SFULLWCCA
SFLLLWCCP = SFULLWCCP
SFLLLWCCA = 0
SBLLLWCCP = SFULLWCCP
SBLLLWCCA = SFLLLWCCA
SFURLWCCP = SFULLWCCP
SFURLWCCA = SFULLWCCA
SBURLWCCP = SFULLWCCP
SBURLWCCA = SFULLWCCA
SFLRLWCCP = SFULLWCCP
SFLRLWCCA = SFLLLWCCA
SBLRLWCCP = SFULLWCCP
SBLRLWCCA = SFLLLWCCA

If H - W > 52 Then CFWCCA = 100
```

```
ElseIf H - W > 47 Then CFWCCA = 100
ElseIf H - W > 42 Then CFWCCA = 100
ElseIf H - W > 37 Then CFWCCA = 100
ElseIf H - W > 32 Then CFWCCA = 100
ElseIf H - W > 27 Then CFWCCA = 100
ElseIf H - W > 22 Then CFWCCA = 100
ElseIf H - W > 17 Then CFWCCA = 100
ElseIf H - W > 12 Then CFWCCA = 100
ElseIf H - W > 7 Then CFWCCA = 100
ElseIf H - W > 2 Then CFWCCA = 100
ElseIf H - W > -3 Then CFWCCA = 90
ElseIf H - W > -8 Then CFWCCA = 90
ElseIf H - W > -13 Then CFWCCA = 90
ElseIf H - W > -18 Then CFWCCA = 90
ElseIf H - W > -23 Then CFWCCA = 90
ElseIf H - W > -28 Then CFWCCA = 90
ElseIf H - W > -33 Then CFWCCA = 90
ElseIf H - W > -38 Then CFWCCA = 90
End If

BCCCA = 180 - FCCCA
PF1 = 1
PF2 = PF1
PF3 = 2.5
PF4 = PF1
PF5 = PF1
PF6 = PF1
PF7 = PF1
PF8 = PF1
PF9 = PF1
PF10 = PF1
PF11 = PF1
PF12 = PF1
PF13 = PF1
PF14 = 4.5
PF15 = PF1
PF16 = PF1
PF17 = PF1
PF18 = PF1
PF19 = PF1
PF20 = PF1
```

```
PF21 = PF1
PF22 = PF1
PF23 = PF1
PF24 = PF1
PF25 = PF1
PF26 = PF1
PF27 = PF1
PF28 = PF1
PF29 = PF1
PF30 = PF1
PF31 = PF1
PF32 = PF1
PF33 = PF1
PF34 = PF1
PB1 = PF1
PB2 = PF1
PB3 = PF1
PB4 = PF1
PB5 = PF1
PB6 = PF1
PB7 = PF1
PB8 = 4.5
PB9 = PF1
PB10 = 1.5
PB11 = PF1
PB12 = PF1
PB13 = PF1
PB14 = PF1
PB15 = PF1
PB16 = PF1
PB17 = PF1
PB18 = PF1
PB19 = PF1
PW1 = PF1
PW2 = PF1
PW3 = PF1
PW4 = PF1
PW5 = PF1
PW6 = PF1
PW7 = PF1
PW8 = PF1
```

```
PW9 = PF1
PW10 = PF1
PW11 = PF1
PW12 = PF1
PW13 = PF1
PW14 = PF1
SF1 = 0.7
SF2 = 0.2
SF3 = SF1
SF4 = SF1
SF5 = 0.8
SF6 = 0.3
SF7 = 0.7
SF8 = 0.7
SF9 = 0.7
SF10 = 0.7
SF11 = 0.7
SF12 = 0.7
SF13 = 2.5
SF14 = SF1
SF15 = SF1
SF16 = SF6
SF17 = SF5
SF18 = SF6
SF19 = SF5
SF20 = SF6
SB1 = 1.5
SB2 = 1
SB3 = SF1
SB4 = SF1
SWL = W + IFFW
SABC = 0.5
SCFWCCA = 90
SSBWCCA = 3
SLYCCP = 1
SLYCCA = 3
SRYCCP = 1
SRYCCA = 3
BPPOPLL = 2.5
BPPOPRL = 2.5
FWPOPR = 3
```

```
FWPOPL = 3
SBSBCCP = BSBCCP
SBSBCCA = BSBCCA
SRY = RY
SLY = LY
SBW = 6
SBD = 1.5
SFFW = FFW
SFFCCP2 = FFCCP2
SFPW = FPW
SFPD = FPD
SFPCPD = FPCPD
SFPCAD = FPCAD
SFPCAW = FPCAW
SFPCPW = FPCPW
SFSBCCP = FSBCCP
SFSBCCA = FSBCCA
SBSBCCA = BSBCCA
SBSBCCP = BSBCCP
SSFWCCP = SFWCCP
SSFWCCA = SFWCCA
SWPW = WPW
End If
End Sub
```